我愿
生活冷冷清清
又风风火火

芃芃 著

内 容 提 要

这是一本帮助读者摆脱迷茫、化解焦虑、增长见识，最终更好地悦纳自己的励志书。本书案例丰富、笔触温暖、内容广泛，涵盖了年轻人在成长道路上普遍会遇到的问题。阅读本书，读者可以寻获一种全新的看待生活的方式，从而把生活过成自己想要的样子。

图书在版编目（ＣＩＰ）数据

我愿生活冷冷清清又风风火火 / 芃芃著. -- 北京：中国水利水电出版社，2022.6
ISBN 978-7-5226-0747-4

Ⅰ．①我… Ⅱ．①芃… Ⅲ．①成功心理－通俗读物 Ⅳ．①B848.4-49

中国版本图书馆CIP数据核字(2022)第094328号

书　　名	**我愿生活冷冷清清又风风火火** WO YUAN SHENGHUO LENGLENGQINGQING YOU FENGFENGHUOHUO
作　　者	芃芃　著
出版发行	中国水利水电出版社 （北京市海淀区玉渊潭南路1号D座　100038） 网址：www.waterpub.com.cn E-mail：sales@mwr.gov.cn 电话：（010）68545888（营销中心）
经　　售	北京科水图书销售有限公司 电话：（010）68545874、63202643 全国各地新华书店和相关出版物销售网点
排　　版	北京水利万物传媒有限公司
印　　刷	朗翔印刷（天津）有限公司
规　　格	146mm×210mm　32开本　6.5印张　110千字
版　　次	2022年6月第1版　2022年6月第1次印刷
定　　价	49.80元

凡购买我社图书，如有缺页、倒页、脱页的，本社发行部负责调换
版权所有·侵权必究

目 录

第一章 那些迷人的姑娘，心中自有山河

037 抱着越来越好的心态去生活

030 所谓命运，是用来征服的

024 允许指点，但谢绝指指点点

020 有自爱的能力，才会收获理想的爱情

012 努力，根本就不需要动力

007 没人看好的日子里，更要多一份坚强

002 亲爱的，请不要给自己的人生设限

第二章 有趣的灵魂，从来不需要在别人的世界里刷存在感

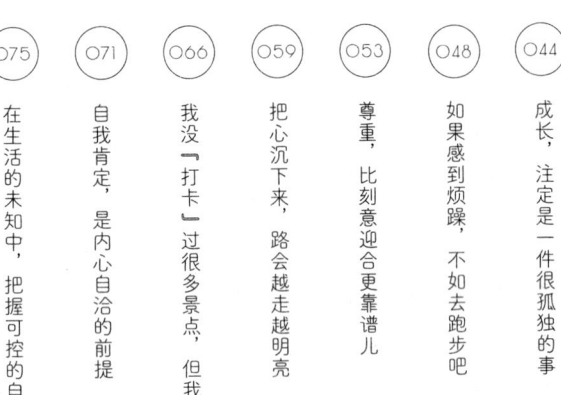

- 044 成长，注定是一件很孤独的事
- 048 如果感到烦躁，不如去跑步吧
- 053 尊重，比刻意迎合更靠谱儿
- 059 把心沉下来，路会越走越明亮
- 066 我没「打卡」过很多景点，但我也有世界观
- 071 自我肯定，是内心自洽的前提
- 075 在生活的未知中，把握可控的自己

第三章　又美又飒地前行，跟好运撞个满怀

- ⑧⑧⓪ 人生本就是一场冒险
- ⓪⑧⑤ 没有人提点的路，要学会和自己死磕
- ⓪⑨① 你以为的辛苦，也许只是别人奋斗的常态
- ⓪⑨⑥ 未被原生家庭偏爱，那就多一些锋利的棱角
- ①⓪② 别用低效的勤奋去掩饰思想上的懒惰
- ①⓪⑦ 变好的从来不是生活，而是自己
- ①①④ 谈谈关于「学习方法」这个话题

第四章　和喜欢的一切在一起，和年纪没关系

- 122　二十几岁的迷茫，时间会给你答案
- 127　25岁，不再期待成为谁的谁
- 132　没什么比「我本可以更好」更令人惋惜
- 138　阅读，让我们读出那个最想成为的自己
- 145　学会和现实相处，用心感知每一瞬的幸福
- 150　我走了很远的路，才能站到你面前
- 156　你原本可以不用这么焦虑

第五章　冷清又热闹，我要把生活过得自带腔调

- (162) 专注于喜欢的事，是对自己最好的取悦
- (168) 你要努力生活，也要善待自己
- (172) 对交朋友这件事，我们无须太功利
- (177) 找回生活的平衡感
- (182) 我们需要一些接地气的日子
- (190) 爱，支撑着我们走得更远
- (194) 当你读懂了自己，也就接纳了生活

第一章
那些迷人的姑娘，心中自有山河

亲爱的,请不要给自己的人生设限

> *有朝一日,你真正过上了自己想要的生活,就会感谢当初勇敢、坚定甚至有点儿孩子气的傻傻执着的自己。*

01

导师说,下午有一位考上某大学的研究生过来找他,和他聊了很多那边的学习情况。导师听了之后觉得,某大学对研究生的学习抓得很紧并且要求很高。他对我和另一位男生说:"你们也不要松懈,把手头的研究课题在寒假期间再往前推进推进啊!"

吃完饭回图书馆,同行的男生对我说:"老师也真是的,拿我们和某大学比……也不想想生源都是有区别的。"为了证明不同学生之间的智商是有高低之分的,他还特意跟我举了一系列例子作证明。

我不知道是因为他当天恰巧情绪不好,还是真的打心眼儿里存在这样的想法。分开的时候,我对他说:"于我而言,我不信自己比谁智商低，也不信自己比其他人差。"

和那位男同学聊过后，我整个人变得有气无力。和很多人一样，我也害怕面对消极负面的情绪，也会在一定程度上受其干扰。

02

我想起一位学妹曾找我聊天。

那位学妹想考研，她一方面想考一个211或985这类比较好的大学，一方面又觉得自己就读的本科学校本身就比那些211、985院校差一些，即便自己努力考上了，可进了学校以后呢？那些原本就比自己优秀的学生也同样努力，自己哪能竞争得过他们。

其实，每个人的成长速度都是不一样的。可能有的人的头脑就是开悟得早一点儿，有的人就是晚一点儿。当你真正懂得要改变的时候，你已经和原来的你不一样了。对于目标的坚定会激发你无限的潜力，会促使你寻找各种方法提高学习能力。

我发现，不管是之前的男同学，还是曾经的学妹，都对努力和智商存在偏见，甚至有的小朋友也是如此。

记得有一年暑假我教一位女学生五年级数学。

暑假过后她就要上六年级了，但她的五年级下册数学学得不是很好。她父母希望她可以重新学一遍，把基础打好。她在课上问我："老师，我现在补五年级的知识，而别人已经在学六年级的。那是不是就算我把五年级的基础知识学好了，我也永远赶不上他们了？"

我不记得自己当时是怎么回答她的了，但不同的年纪却存在相同的认知观念，这着实让我有点意外。

03

不少学生之所以有这样的顾虑，一方面是因为他们内心是渴望进步的；另一方面却又害怕自己无论怎么用功都赶不上别人。

似乎只要一步错，步步都会错。

他们用一种"机械决定论"的方式去看待自己的生命历程，却忘记了人生存在很多变数。当你真正下定决心改变自己时，那种内在的驱动力会激发出你无限的人生潜力。并且，等你找到适合自己的学习方法、打通头脑思维之后，发展前途真的不可估量。

现代神经学之父圣地亚哥·拉蒙-卡哈尔曾是个糟糕的学生。他固执而又叛逆，只对艺术情有独钟，对其他科目放任自流，特别是对数学和科学更是不闻不问。

卡哈尔的父亲为了让儿子学会自我约束、变得稳重一点儿，便让卡哈尔拜了一位理发师学艺。结果，此后卡哈尔对学习的态度更是懈怠不堪。为了让他迷途知返，老师严厉批评过他，可完全不起效果。在老师眼里，卡哈尔又可笑又荒唐，从没守过规矩。

可谁能想到呢？卡哈尔有一天不仅获得了诺贝尔奖，还成了现代神经学之父，对神经系统结构与功能的理解领域做出了许多重要的贡献。

卡哈尔一生曾和很多杰出的科学家共事，那些科学家看上去都远比他聪明。然而他在自传中曾指出：尽管杰出的人能够取得非凡的成就，但是他们也会像其他人一样粗心大意、有失偏颇。

卡哈尔认为他成功的关键在于有毅力、灵活的应变能力以及谦虚的态度："先天的不足能靠后天的勤勉和专注弥补。可以说，努力可以弥补欠缺的天赋，甚至创造天才。"

像卡哈尔这样的人还有很多，比如查尔斯·达尔文。

达尔文的进化论使其成了人类历史上最具影响力的人物之一，而像他这样的人通常被认为是天才。但事实是，跟卡哈尔一样，达尔文也曾是个糟糕的学生，成绩一度很差。他从医学院退学，很长一段时间都孤身在外，可他仍然努力踏上了环球航行之路，有了从全新视角看待他所收集的数据的机会，为他后来取得的一系列成就奠定了基础。

04

在成长这条道路上，每个人都会遭遇大大小小的挫折，以致怀疑、否定自己。

先不管这个世界上是否真的存在"天赋""智商"这类我们无法左右的先天因素，先问问自己：你为自己心心念念的生活付出过多少？你是否真的把每一件事情做到了能力范围之内的极致？你口中的努力是否能够达到和别人拼天赋的程度？

不,很多人只是浅浅地努力,再高调地抱怨。

这个世界上有很多人靠着勤奋努力创造了属于自己的理想生活,塑造了全新的自己。所以,我们为什么要纠结于那些连真伪都无法确定的负面因素,而不睁眼多看看那些积极正面的榜样呢?也许,当你纠结于所谓的"天赋""智商"时,你就已经局限了自己,无形中给自己的人生设了限。

不要轻易给自己的人生设限,想要什么样的生活就去义无反顾地追求。

有朝一日,你真正过上了自己想要的生活,就会感谢当初勇敢、坚定甚至有点儿孩子气的傻傻执着的自己。

没人看好的日子里,更要多一份坚强

> *没人看好的日子里,你更要多一份坚强。过去是,现在是,未来也会一直是。*

01

将近一个月,我从一只旱鸭子马马虎虎变成了一只勉强及格的水鸭子。

游泳课程结束之后,每个星期我都会花费三个晚上去游泳馆自我训练。

双腿打水强度不够,双手在水里的推进力不够,腰部发力不足……一系列的问题都需要自己在课程结束之后多下工夫、多花时间练习。

俗话说:"师傅领进门,修行靠个人。"

在游泳馆游泳时,看见游泳运动员在玩跳水、滚翻,我在一旁看了好几次,眼神总是离不开水中那些健美飒爽的泳姿。

偶然一天,一位相识的教练免费教我学习其他的游泳姿势。我毫不避讳地对他说，我想学跳水、滚翻。那天在游泳馆待了将近三个小时，我就一直在学习跳水、滚翻。

实在是脑子和身体不协调。对于教练说的那些姿势要领，我的脑子确实迅速领悟了，可一做起动作来，身体就不听使唤。

第一次跳水时，我在看台上踌躇了好几分钟，最后干脆眼睛一闭，抱着赴汤蹈火的决心一般整个身体直挺挺地往水里栽，之后就实实在在地和泳池来了一个180度的大拥抱，只不过这个拥抱太不温柔，我的胸膛整个成了一块板砖，硬生生地撞在水面上。

一次学不会，我就跳第二次、第三次、第四次……一次又一次从看台上跳下来，一次又一次感受到身体正面迎击水面的那种刺痛感。

直到站在一旁观看的几个男生都看不下去了，他们说："歇会儿吧。你不觉得疼吗？我们看着都觉得疼，你上半身都撞红了。"

不知道为什么，我嘴上没说什么，心里却想："这点儿肉体上的疼痛算什么，我一定要学好它。"

02

也许，真的是因为一个人在外生活六年多，经历过很多比这更艰难的事。凡做一件事，我都怀着一种要拼尽全力的决心。

于我而言，做很多事从来不是尽力而为，而是拼尽全力也要完成。

那天从游泳馆回到家，脱下衣服，我看见自己胸口上出现了一块块淤青，膝盖上也是青一块、紫一块的。但我觉得，一切都是值得的，至少我敢于尝试自己一直期望的挑战。

我不再畏惧游泳池那好似深不见底的池水，我不再习惯性地站在岸上踌躇，我敢于赋予自己勇气去挑战一系列胆怯、恐惧、踟蹰的关卡。

从跳台上跳下去，与水的每一次相拥，都是我对自己的人生一次次坚定的承诺，就好像我在一次次对未来许诺：未来，无论遭遇怎样的挫折与失意，我永远都会是那个义无反顾去追随内心、为生活的理想拼尽全力的女生。我会成为自己生命的守护者，我会一直做自己生命的摆渡人。

想起木心写的一段话：

很多人的失落，是违背了自己少年时的立志。自认为成熟、自认为练达、自认为精明，从前多幼稚，总算看透了，想穿了。于是，我们就此变成自己年少时最憎恶的那种人。

自认为成熟、自认为练达、自认为精明，好像现在的自己真的终于摆脱了年少时的稚嫩。殊不知，在与生活的不断对峙博弈中，有些人早早输掉了人生，输掉了青春年少时那种不顾一切的勇气与魄力。

这实在是一件可悲的事。

朋友阿慧在电话里曾对我说过这样一件事：

有一次,她的大学同学与刚刚结婚的伴侣约她出来帮忙做一些工作上的事。

在餐馆里,同学的老公趾高气扬地对阿慧说:"你一个月工资才四五千,不如去电子厂上班,一个月还能挣个七八千。"

阿慧的大学同学在一旁煽风点火、阴阳怪气:"人家是有理想的人。"

听着这话,同学的老公更来劲了,以一种看遍世间苍凉、自认为通达无双的语调对阿慧说:"现在还谈梦想,那是因为你还没有接受过社会的打击,经历的太少,以后你就不会再谈这些了。"

阿慧对我说,那一顿饭结束之后,她回到出租房大哭了一场。

04

我也是曾经在实习单位被讽刺为是那种在电视剧里还没出场两集就被害的女生。

当初初涉职场的我不懂同事话语里的泼辣,却在一日日的工作中感受到人与人之间相处的复杂。

我单纯、固执、倔强,一心只想靠自己踏踏实实的工作去赢得别人的尊重与谅解,却不知,这个世界最纯粹的就是工作本身。那时我是真的不懂,或者说不屑于懂,也因此受了不少来自同事的冷言冷语。

在那段时间里，每天坐地铁下班的路上，我时常会呆呆地站在地铁里看着车窗玻璃上映出的自己；坐在公交站台的长椅上，看来来往往满脸绽放笑意的同龄人——只不过我明白，那份惬意与悠闲不属于我。

"幸福和不幸福的人、快乐和不快乐的人、理想丰满的人和空虚的人，突然觉得上帝不公平。"

用这句电影里的台词来形容我当时的心境再贴近不过了。

往后的日子里，我最终丢了那份实习工作，但这也重塑了我对生活的信念。

我不再惧怕来自任何主观的艰辛与劳累，因为我深切地知道，那种拼尽全力却无能为力的感觉才是最让人绝望的。

往后的日子里，无论做什么事，我都抱着一种用生命去实践的笃定去完成它们。

不轻视任何一件小事，不放弃任何一丝机会，不惧怕来自内心深处的卑怯。

因为经历过很多不被人看好的日子，所以每当别人投来一丝善意的眼光，我都甘之如饴。同时，我也在心里一次次给自己根植这样的信念：没人看好的日子里，你更要多一份坚强。过去是，现在是，未来也会一直是。

努力,根本就不需要动力

> 我害怕哪天一睁开眼,三年校园时光已经逝去。而那时的我,除了一纸文凭一无所有,那太可悲了。

01

前几天,有读者私信问我:"环境真的很重要吗?"

我回答:"主要是靠自己。"

但不可否认,有时候,好的环境也是各方面资质的证明。

我给她分享了自己一路走来的感受:

从一开始的专科到本科,再到研究生,我的感受是:不同的学校,学习环境是完全不一样的。

首先,不同院校师资力量之间的配比是不平衡的。

在一个好的院校,你可以得到一些在学术上比较优秀的教授的指点,有时候你听他们的一节课就会对自己的学习有很大的帮助,甚至如果有机会和那些教授一起做项目,他们会亲自指导你如何深入某一项课题的研究，这无疑是一笔宝贵的成长财富。

其次，不同的学校，学习氛围大相径庭。

我之前所在的专科学校，图书馆无论是馆藏书目还是数字化的学习资源，其种类与丰富度都比本科所在的院校要好得多。可不一样的是，在本科的图书馆每日所见皆是看书、考证、考研的同学，甚至在考研冲刺阶段，每天早上天还未亮时图书馆门口就已经排起了两条长长的队伍，而在专科学校，图书馆里总有一半的座位是空着的。

我就读的专科和本科两个院校之间隔着一座山，曾经有一段时间，本科图书馆里没有的资源，我常常跑到专科图书馆里，利用它的资源来下载所需要的学术资料。

但是，有时候环境也不是必然的决定因素。一个不求上进、整天过得浑浑噩噩的人，哪怕置身再好的环境也改变不了什么。

我至今还记得，去上海一所院校参加研究生复试，当时我在楼下大厅和朋友说了这样一句话："如果能够在这样的院校学习三年，真的是一件很幸福的事。"

那时，旁边长椅上坐着一个一直低头玩手机游戏的女生。在我说这句话时，她抬头看了我一眼，我不知道为什么，就仅仅那一瞬间，我看到了她眼神里的不解与迷茫。

同样的环境，不同的学习心态、求知欲望，最后所造就的个人是不一样的。最终能够决定我们走多远的，永远只有自己。

如果一个人真的有足够的上进之心，会想尽一切办法去克服外界的不利因素。这种内驱力会促使一个人不断突破自我的认知局限，主动走出生活的舒适区，最终成为那个更好的自己。

02

我之前写作时收到过一段很长很长的留言，留言里表达了一个女生由于家庭、自身性格、身边环境等原因给自己的成长带来的触动。她写道：我曾经想象过考研的事情，但一直没有行动。直到今年春节期间，34岁的表哥发了一条微信触动了我的心，内容为："34岁的我，每天比别人多努力几个小时，考上了上海同济大学的研究生，我很珍惜这次机会，我要努力珍惜研究生的三年时光。"表哥34岁，结婚生子，在上海扎根，背负着房贷、车贷，能考上研究生真的不容易。所以，我立志此生也要读研。曾经我认为，人到30岁能回校读书是一件此生都无法完成的事，我给自己判了"死刑"。如今看到表哥，我觉得，原来只要你想读书，何时都不晚……我目前正在备考教师招聘考试，我是一名1990年的师范中专生，由于自己的任性、自卑以及老母亲关于女孩无才便是德的老观念，还有当时的自甘堕落，导致自己在读书的路上吃了亏，如今30多岁还在追梦的路上，不过庆幸身边的人告知我学历提升的方法，2012至2018年，我拿到了函授大专和本科文凭……

言语里透露出的，没有对现在的抱怨、对未来的恐惧，而是不断吸收身边人的正能量，心怀一颗永求进取之心，积极地过每一天的生活，她用决心、信念、行动承担起自己对人生每一个阶段的期待。

无论身处什么样的环境，面临怎样艰难的处境，请永远不要放弃自我成长的机会。

03

让我感触很深，甚至曾经让我三刷并落泪的电影《隐藏人物》，讲述了当时的弗吉尼亚实行种族隔离制度，黑人各方面都受到限制。电影的主角是三位黑人女性，在当时极端种族以及性别歧视的社会背景下，她们克服种种舆论与偏见，最终实现自己的人生价值。

玛丽勇于尝试不可能之事，她想要成为美国宇航局（NASA）的工程师。但要成为一名工程师，她必须在弗吉尼亚的一所白人院校上课，以取得所需的学位证明。为此，她向法庭提出申诉，打破了黑人不能在全白人学校学习的规则，拿到了工程师学位。

在法庭上，她聪明地引述法官的人生经历，提出论点："敢为人先"，并以此论证道："弗吉尼亚州从来没有黑人女性能入读全白人的高中，这闻所未闻。在艾伦·谢波德坐上火箭之前从来没有美国人进入过太空。现在，他将名垂千史，成为首位触碰星辰的新汉普顿群美国海军战士。而我，我想成为美国宇航局的工程师，但是如果我不去白人学校上课，我就没办法达到目标。我无法改变自己的肤色，所以我只能踏上一条前人没走过的路。"

最终，她如愿成为美国宇航局和美国首位黑人航空工程师，并在不久之后获委任兰利女性计划经理，为所有肤色的女性争取权益。

多罗西干着主管的工作，却因为自己的黑人身份始终得不到主管的头衔。

但是，她有强烈的危机意识，在IBM大型电子计算机被初步投入使用时，她主动学习编程译码技术，使自己成为不可替代的唯一，成了美国宇航局的首位黑人主管。此后，她作为译码专家，奋斗在电机运算的前线，被视为美国宇航局最聪明的人之一。

凯瑟琳在工作中从一开始上厕所都要跑到800米外的有色人厕所、喝咖啡都只能用被贴有色人字样的咖啡壶，到后来克服重重工作壁垒、让之前对她怀有歧视的同事放下偏见，并被委任负责阿波罗11号登月以及穿梭机的运算，这其中的艰辛可想而知。

此后，美国宇航局为表彰其在太空旅行领域的卓越贡献，将计算机大楼命名为凯瑟琳·G.约翰逊大楼。在97岁时，她又被授予总统自由勋章。

这三位黑人女性，面对无法改变的肤色、种族，并没有抱怨外界的环境，没有自怨自艾，而是凭借坚强的意志以及卓越的硬实力，成为不可替代的专业人才。

玛丽的经历告诉我们，在不利局势下，要有敢为人先的勇气，时刻记得为自己争取机会。多罗西的经历启发我们，机会永远是留给有准备的人的，要时时刻刻抱有忧患危机意识。凯瑟琳的经历则让我们领悟到，努力工作，让自己变得越来越有价值，才能赢得别人的尊重与认可。

这让我想起了一句话："我们都生活在阴沟里，但仍有人仰望星空。"

04

每次重新观看这部影片，最深的一个感触是：同样是人，面对相同的生活环境，不一样的生活心态、处世态度决定了一个人能够走多远。

一个总是习惯将自己的失败、不顺心归因于外界因素的人，一定不会取得什么突出的成就。他永远是稍稍遇到一些烦心事就会无止境地抱怨身边的人、周围的环境，而不会从自身出发反思自我、克服不利条件。而一个凡事先从自己身上找原因并不断改进的人，在生活中一定是一个积极乐观、充满正能量的人。这种积极的能量，反过来会助力他的人生之路走得越来越宽畅。所以，当我们遇到不顺心的事时，先别急着抱怨，而是应该清醒下来，先反思自己。

比如，上班迟到，你抱怨公交拥堵导致自己不能够准时出现在办公室；但如果换个角度，每天出门前将堵车的因素考虑在内，提前半个小时出门，也许在清晨上班路上心态会更加从容，工作起来也会更加有干劲。

比如，作业没准时完成，你抱怨平时忙的事情太多、课业太繁重；但如果你能够将写作业需花费的时间做一个大概的估算，然后落实到每一天固定的时间段，就不会整天以忙为理由，为自己没能准时完成作业找一个看似合理的借口。

比如，得不到升职加薪的机会，你抱怨领导处事不公平，上司偏心埋没了自己；但你有没有想过，自己是否把每一件工作都做到了实处，一天有一天的进步，而不是抱着多年的工作老本荒废时日。

比如，你抱怨学校学习环境很差、学习氛围不强，导致自己毕业之后一无所学；但你有没有反思过，大学四年你是否主动为自己争取过进步的机会。例如，和某一位任课老师交流自己的学习近况并请求得到一些建议；积极参加一些大型的比赛，为自己未来的履历增加出彩的经历；多看一些经典书籍，丰富自己的精神世界，提升对事物的认知能力。

这些，你都做到了吗？还是只是人云亦云、鹦鹉学舌地抱怨。

其实，所有一切的抱怨，80%的原因都在于自己。

05

之前有朋友问我："你每天这么努力的动力是什么？"

其实，当你真的具有深刻的自我改变的意识，努力根本就不需要动力。因为发自内心的那种向上的欲望，会内化为生活的本能。

当能够达到这种程度，那么对于你而言，还有机会、有时间、有精力去拼搏，就已经是一件足够幸运的事，哪里还会专门花精力去找各种外在动力，刺激自己去努力呢？

你的内驱力足够激发你对生活的无限热爱，鞭策自己不断追求卓越。

想起曾经和朋友聊天时，我说："现在在杭州上学，我几乎每天都很紧张。"

我当时基本的生活节奏是晚上十一点睡觉,睡觉之前定好第二天五点的起床闹钟,然后在脑海里反复告诉自己:明天请一定要准时起床。

因为,我害怕哪天一睁开眼,三年校园时光已经逝去。而那时的我,除了一纸文凭一无所有,那太可悲了。

其实,对于每个人而言,面对每个阶段的不如意,方法总比困难多。无论遇到什么挫折,请告诉自己:不要轻易放弃。

有自爱的能力，才会收获理想的爱情

> 在爱情中，只有先学会自爱的人，才能更好地去爱别人。

01

二刷电影《植物图鉴》，我再一次深刻地感受到：无论爱与被爱，都是一种能力。

在爱情中，只有先学会自爱的人，才能更好地去爱别人。

正如心理学家艾里希·弗洛姆所说："成熟的爱是在保持自己的尊严和个性条件下的结合。爱是人的一种主动的能力，是一种突破使人与人分离的那些屏障的能力，是一种把他与他人联合起来的能力。爱使人克服孤独和分离感，但爱承认人自身的价值，保持自身的尊严。在爱之中，存在着这样的矛盾状态：两个人成为一体而仍然保留着个人尊严和个性。"

也就是说，先有成熟的个体，才会有成熟的爱。而所谓成熟的个体，一定是具有爱与被爱的主动力。

《植物图鉴》中的女主角彩香是一个内心异常孤独的女子。

彩香24岁,在一家房地产中介公司上班,居住的房子是已有30多年房龄的一室一厅,距离地铁站步行不过15分钟。

在工作上,她经常遇到一些不讲道理、带有骚扰目的的顾客,还会因此被老板不分青红皂白地责骂。在生活上,她的一日三餐皆是便利店的快餐速食。走在马路上,她会羡慕牵手的情侣。每天下班时,她害怕回去面对空无一人的住处。

彩香与男主角的相遇完全是一场意外。她毫无猜忌地收留了男主角半年,并且会因为男主角做的再简单不过的一顿早饭而直言不讳地表达自己的幸福。在这半年里,男主角每天会为彩香准备早饭、上班时的午饭便当,还会提前做好晚餐。到后来,两人相处越来越融洽,每隔一星期都会一起去野外采摘各种植物做食材……

时间越长,彩香越贪恋这种有人陪伴的温暖。

当男主角离开之后,彩香发了疯地寻找他。到他工作的便利店,甚至跟踪和男主角一起工作过的女同事,企图从她那里获得哪怕一点点男友的消息。

彩香的生活回到了原先的状态:一日三餐又开始是便利店的快餐,每天下班之后继续面对空无一人的住处。

在某一个时刻,彩香突然意识到自己不能再这样生活下去了。她收拾心情,重新开始自己的生活。她拿出男主角给她留下来的菜谱,一样样地制作男主角曾经为她做过的饭菜,并学会了独自一人去野外采摘食材。

渐渐地,彩香学会了一个人生活,也学会了适应孤独。

一年后,彩香收到了男主角寄来的一个包裹,里面是一本男主角拍摄的植物图鉴以及他的展览会邀请。彩香一个人去了展览会,在宴会人群中,她看见了台上神采奕奕的男主角,也了解到男主角的家世背景。没等活动结束,她就提前退出会场,一个人走上了回家的路。

到家时,彩香发现了正在家门口等待她的男主角。他向她解释了自己离去的缘由,并表达了希望在往后的日子里一直守候在她身边的愿望。

03

这部电影的情节很简单,甚至有着一种童话色彩,但每每令我动容的是这部影片想要传达的理念:唯有自爱,才有能力去爱别人,才能收获圆满的爱情。

一开始,女主角彩香内心是惧怕孤独的,她在生活中不能够很好地照顾自己。

和男主角在一起的半年,虽然从表面上看她的生活状态在一天天变好、整个人越来越开朗,但这种开朗不是因为她克服了内心对孤独的恐惧,而是外部的力量——男主角的出现,使她得到了暂时的幸福。当男主角由于某些原因离开之后,在后来慢慢地调整生活状态后，彩香才真正克服了一直潜藏在内心的对孤独的恐惧。

所以，即便到最后男主角没有回来，彩香那时也已经成了一个真正的个体，她有能力好好地照顾自己。

而在与彩香的相处中，男主角也渐渐懂得了责任与担当。正如男主角所言，和彩香在一起的日子里，他意识到自己不能半途而废，不能放弃一直热爱的事业。

在两个人的相处中，他们都在一步步成为更加自爱的自己。

看到这里，影片的结局在我看来其实已经不重要了。

在《爱的艺术》中，关于男女之爱，弗洛姆谈道："真正的爱意味着产生爱的能力，它蕴含着爱护、尊重、责任和了解。它并不是被某人所感动意义上的'情感'，而是一种为被爱者的成长和幸福所做的积极奋斗，它源于爱的能力……倘若一个人能够卓有成效地爱，他也会爱自己；倘若他仅能爱其他人，他便根本不会爱。"

是啊，有勇气诚实地对待自己、拥有自爱的底气，才会在未来的某一天收获理想中的爱情。爱与被爱都是一种能力，它也是我们向内剖析自我、坦然成长的一段历程。

允许指点，但谢绝指指点点

> 不管过程怎样，不管经历多少黯淡无光的日子、经过多长埋头不被看好的时光，只要最后你在终点处，就一切都好。

01

周日下午，和阿慧在约定好的街头碰面。每次见面我们都会聊聊彼此的近况。她和我聊工作，我和她聊学业。

我们是在考研时相识的，是相伴一年的"研友"，也是来自同一方故土的老乡。那是她"二战"，备考法律专业；我"一战"，却恰逢那段时间感情不顺，一天里的大部分时间都会控制不住的情绪低落。特别是天一黑下来，那种伤感孤寂的情绪就像汪洋大海一般将整个人淹没。

还好在那段日子里我认识了阿慧，她每天晚上五点左右都会出现在我的座位旁，从背包里掏出各种各样的零食，有时候甚至会专门陪我去食堂吃晚饭。

后来，阿慧"二战"失败，继续留在苏州；我"一战"上岸，顺利去自己喜欢的院校就读研究生。可是我们之间的那份情谊一直没有变质。

虽然阿慧因"二战"落选无缘继续深入攻读法律专业，但她开始在一家律师代理机构做助理，一边工作一边考律师证。等证书拿到之后，她便可以名正言顺地进入法律行业，以另一种方式投入到自己喜欢的职业中。

02

那天下午我们聊起彼此的近况，她给我印象最深刻的一句话是："你知道吗？公司里那个经常向我抱怨的女生做着我梦寐以求的工作。"

公司新来的一位同事小A和阿慧差不多大，但起点是研究生学历。工作不久之后，小A又拿到了律师证，可以接手公司一些法律类的工作，经常去法院处理事务。

小A刚进公司时，因为证书没有到手，只能大部分时间和阿慧一样坐在办公室里处理一些文件。工作不顺心的时候，小A就会对着阿慧发牢骚，阿慧经常鼓励她，说等拿到证书就好了。

结果是，等小A拿到证书之后，因业务繁忙，她又开始公司里外来回跑。于是，小A又经常在公司向同事抱怨："怎么总是需要到法院提交一些文书类的资料啊？这些小事根本就不应该由做律师的亲自去啊！真想不明白我为什么要做这种工作！"

阿慧说，自从小A拿到证书之后，小A经常对她进行灵魂式的拷问，比如："阿慧，你真的喜欢做律师吗？""做律师这行真的好累，每天要做一些七零八碎的事。""阿慧，我觉得你不适合做律师，你还是应该再仔细考虑清楚一些。"

阿慧说，自己几乎每天都要被小A进行一次这样怀疑人生式的拷问，搞得自己每天都很累。有时候下班回家的路上，阿慧都选择刻意避开小A。

阿慧说："小A本科学的是新闻专业，研究生转专业才攻读的法律专业，而我也在费尽心思地考律师证、转战律师行业，可小A现在却每天怂恿我离开这一行，她说这一行非常非常的累、是多么多么的不适合我们，可她根本不明白，她每天做着我梦寐以求的工作却反过来劝我放弃，这样我心里真的很不是滋味。"

03

我想起我在读专科时做的第一份长期兼职，那是在某连锁快餐柜台做点餐员。那一段经历给我往后的人生留下了太深刻的影响，因为我在那里有过和阿慧相似的经历。

那时，由于点餐工作不熟练，我经常被当天值班的负责人批评。有一天工作结束之后，我和店里的一个男生一起坐公交车下班。他向我抱怨工作中的种种不如意，并声称自己过了这个暑假就会辞职、再也不做了。

那时，我涉世未深，别人说什么我都信，于是我也开始觉得这种兼职工作确实不好、不适合我们。于是，暑假之后，我辞职了。可那个口口声声向我抱怨的、一直喊着要离开的男生却并没有如他说的那般离开。

事实上，在我到该快餐店工作之前，他已经在那里做了一年半的长期兼职，并且很快就要被提拔为管理员。听说，他很会为人处世，每个月发了工资都会请店里的小伙伴甚至店经理去餐馆吃饭。这些，当时的我都看在眼里，却从未看破，只是纯良地相信着他说的话。我不后悔离开那里，因为通过那件事，我对人心有了另一种更深刻的理解。

04

那天晚上，和阿慧坐同一班地铁回我们各自的住处。她提前一站下车，对我说，她还想去图书馆备考复习一会儿。原来，下午出门前她已经提前在背包里放了一本法考的书，就是准备在和我见过面之后去图书馆继续学习。

等到我出地铁时，天已经完全黑下来，淅淅沥沥地下着一场中雨。我在地铁口打了辆出租车，回到住处感觉全身松散，累得整个人倒头就睡。睡醒之后，一想到阿慧还在图书馆学习，不禁有些心疼她。

杰克·福克斯曾经说过："请记住：有两种事我们应该尽量少

干,一是用自己的嘴干扰别人的人生,二是靠别人的脑子思考自己的人生。"

在现实生活中,我们总会遇见一些自以为是的人。他们喜欢用一种过来人的心态去指指点点别人的人生,仿佛自己已经参悟了世间种种,可实际上,很多人连自己的人生都没有活明白。还有一些人,他们讲着伪善的话,肆意干涉他人的人生。这都是两种很可悲的人。

05

也许在这个世界上,我们追求的、期望的人生布满荆棘,会不可避免地遭遇外界的很多流言蜚语,那些话语会像洪水一般淹没你对生活的期待;也许你会时常感到挫败沮丧,甚至你会发现,自己拼尽全力争取的东西,好像别人轻而易举就可以得到,而自己却需要付出几倍的汗水;甚至有时候,你会失望于自己笨拙的努力以及不太灵活的头脑……但请记住,不管过程怎样,不管经历多少黯淡无光的日子、经过多长埋头不被看好的时光,只要最后你在终点处,就一切都好。

我在笔记本里摘抄过如下一段话:

"能够登上金字塔顶端的只有两种动物,一种是雄鹰,一种是蜗牛。雄鹰拥有矫健的翅膀,所以能够飞到金字塔的顶端,而蜗牛只能从底下一点点爬上去。雄鹰飞到顶端只要一瞬间,而蜗牛可能需要坚持一辈子才能爬到顶端,也许还会爬到一半滚下来而不得不从头爬起。但只要蜗牛爬到顶端,它所到达的高度和看到的世界就是和雄鹰一样的。

　　我们每一个人都可以拥有蜗牛的精神，我们可以不断攀登自己生命的高峰。终有一天，我们可以在无限风光的险峰俯视和欣赏这个美丽的世界。

　　无论是雄鹰还是蜗牛，每一分、每一秒，它们的生命都因勤奋和努力有了它们确定的意义。"

　　现在，我把这段话送给暂时遇到挫折的人们。

　　我们可以没有雄鹰的矫健，但一定要有像蜗牛一般笨拙的勤奋。生命总有一天会遍地开花，开出最清香的花朵，结出最成熟的果实。

所谓命运，是用来征服的

> 如果你真有一股不达目标不罢休的气势，哪里会信什么命运；如果真的有，那也一定是用来被你征服的。

01

回苏州的这些日子，每天有一些闲暇功夫让自己的思想四处游走、天马行空地想一些事。

我突发奇想，如果专科毕业之后直接去工作，现在我也应该是一个有着三年工作经历的人了，那现在的自己会是什么样子的呢？

我不知道，但我确信一定会觉得人生有什么遗憾，有什么想实现却未曾实现的遗憾。

专科毕业开始实习的那半年，到现在都记忆犹新。找第一份工作时投了十几份简历，到最后仅从面试官的眼神中，我就可以准确地判断出有无通过的希望。

最后的一份工作是在学校的安排下到一个档案部门做了两个月的

档案整理工作。在那里,我体验到了身为一名职场新人的艰辛。这让那时刚满21岁的我对未来不敢抱有太多美好的幻想。

将近大半年的时间,我换了两三份工作。我的心永远安定不下来,似乎有什么东西在召唤着我,鞭策我拼命去挣脱不理想的现状。

我选择了继续升学,对于一个没学历、没背景的女生而言,想要在大城市立足,这似乎是最经济便捷的途径。

选择这条路时,我是如此义无反顾。

到后来,一意孤行地选择考研,也是一个人走过了很多独木桥。我没有家人的支持,没有亲人的鼓励,没有好友的寒暄陪伴,我只能把自己分裂成很多个角色:没有经济支撑时,我是自己的提款机,利用周末做兼职赚取生活费,把暑假的光阴塞满打工的行程,银行卡里一天天累积的金额是我考研读书的最大支撑;没有亲人鼓励时,我当自己的贴心人,一遍遍想象自己以后想要的生活,一遍遍提醒自己为什么会选择这条路;没有朋友寒暄时,我把自己当成自己的挚友,和自己对话,和自己谈心,学会和孤独共处,学会成长,学会自我消化很多很多负面的情绪。

02

那时,考研对很多同学来说是一条可有可无的路,但对我而言,它是一条必须走的路:只能前进,不能后退;只能成功,不能失败。

我铆足了这二十年来所有的拼劲儿去学、去考。走出考场的那一刻，回头看将近一年的备考历程，没有悔恨，没有怨怼。只是那天下午从考场出来，再走过曾千万次通往图书馆的那条路时，不知道为什么，眼泪顺着我的脸颊不自觉地往下流。

那天晚上我蒙头睡了有史以来最长的一个觉。

我复试失败时，打电话回家，老妈对我说："你要是当初听我的话，毕业就工作，现在手里差不多就有三四万块钱了。"

那时候，我只觉得很悲哀，原来，我这些年的人生只值三四万。

调剂时，我孤注一掷地选择了一所各方面师资力量都比较好的院校，哪怕我知道自己的第一学历并没有什么被录取的优势。

那时，我谢绝了平时交往很好的老师给我的建议，一意孤行踏上另一座城市的调剂之路。

我至今记得，去调剂院校的第一天，研招办的老师看了我的资料，当着所有调剂学生的面问："你第一学历是专科学历，我们学校还没有这个先例。"

我提前准备了自己本科的成绩单，因为那是我唯一拿得出手的东西。

专业面试时，望着自己心仪许久的导师，我内心激动无比。坐在他对面和平时读他的文章，是两种完全不同的感觉。

我耍小聪明，把话题引到导师的专业研究领域，小心翼翼地展现出自己平时积累的功夫。

导师问我学历，他说："你的第一学历是专科，本科上了两年，但其实算起来也只学了一年。你觉得你与其他学生相比有什么优势？"

这个问题让我始料未及，面对反复被催问的第一学历问题，我有些不知道该如何应对。我一面将自己的本科成绩单拿给各位老师看，一面试探着回答自己所具备的优势。

03

后来，我终于如愿成了我敬仰的导师的学生，有机会一起吃饭、一起交流。在导师身上，我学到了很多以前忽略甚至没有机会接触过的东西。他给我带来的不仅仅是学术上的教育，更值得我敬佩的是他那份做人的诚恳与谦逊。

直到快放假的一次聚餐，我才了解到导师的人生历程，我才似乎有些明白，除了当初成绩单上光鲜亮丽的分数，能够成为导师门下的一名学生，这其中还隐藏着一些我未曾知道的东西。

导师说，他的老家在一个很偏僻的村里。那里很穷很穷，教育水平很差。他初中考了三年才马马虎虎上了中专。初中三年他的成绩都排名前列，但由于整体教育水平的落后，即使是学校前几名也远远达不到被高中录取的水准。

后来，他走出偏僻的家乡，到大城市上学，一步步从中专上到大学。那个年代还是由学校分配工作，他因为学习优异被留校任教师。后来，他又考了硕士、博士，一直到现在留在大城市教学。

他说，和他从小一起长大的孩子没有走出家乡的，现在生活都不是很好。而他，因为早早地走出来，又因为一个留校的契机，才能够幸运地留在城市生活。

我不知道，现在大家口中的学术专家原来还有着这样不为人知的经历。如果不是和导师近距离接触，这样富有传奇色彩的成长历程，从现在的他身上我是怎么也无法想到的。我似乎明白了，为什么当初面试时导师会问我第一学历，甚至选导师时也让我成为他门下的学生。

很多人云淡风轻的背后，其实都有不为人知的经历。别人只看得见他们光鲜亮丽的一面，却永远无法体会其曾经为之奋斗的历程。

04

可能是因为自己考研的这份经历，对于身边考研的同学，我一直都尽可能地提供自己力所能及的关注。

阿玉是我同窗五年的同班同学加室友。如果说专科加本科五年有什么值得我怀念与不舍的，那一定是阿玉。

阿玉和我同一年考研，但她复试失败，没有如愿考上心仪的院校。毕业那天，她对我说，想要再备考一次，但又放心不下父母，似乎自己应该早早工作、为家庭减轻负担。

后来，她选择了"二战"，相同的院校，相同的专业。但这次"二战"，还是没能顺利考上。

"二战"失利，教师资格考编失利，双重的打击让她陷入很无望的境遇之中。她发消息给我，说："我觉得自己拗不过命运。好像做什么事都不顺利,到最后只能以失败收尾。"

那天到最后,我发了这样一段话给她:

"不要放弃,你看看自己考研也好,考编也好,到底有没有真的用尽全力,这个和考多少次没有关系,没有什么是容易的。如果觉得过程当中有很多东西很难明白,那就多花点精力、时间。你所有用的心,都会在结果上体现出来。也许过程、速度会比别人慢,但最终的结果是自己满意的就可以了。自己才是自己最大的敌人,把别人当作对手,你肯定静不下心来,会心慌、焦虑。希望你可以想明白这些,无论是以后继续考研、考编还是做其他的。"

我无法知晓那段日子她的生活现状,但这些话足以表达一些我想说却一直没能道明的东西。

她发消息给我,不管是考编还是考研,她确实没有尽力,那段时间家里发生了一些事情分散了她很多精力。之后,我们又陆陆续续地说了一些贴心的话,并约定等她考编成功了,我去看她,为她庆祝。

05

一直以来,我在某种程度上都是一个不信命的人。

如果说,真的有命运的话,那一定不是用来屈服的,而是用来征服的。哪里有什么命运,所有现在的果,不过是过去种下的因。你欺骗得了自己,却蒙骗不了最后赤裸裸的结果。

就像考研,每年都有好几百万的学生走上这条路,但对于至少一半的学生而言，这条路不是必需的，不是绝境中唯一的道路，他们只是抱着一种试试看、碰碰运气的心态在做这件事。

当你真的以一种置之死地而后生的决心去面对考研，你肯定不会有想要放弃的念头，更不会纵容自己有一丝一毫的松懈。就像我们谈所谓理想的生活，看似很多人都在很努力地去追求，但很多时候并没有走心。

当我们处于一个比较舒适的生活层面时，就会逐渐变得麻痹、失去追逐的勇气与渴望，这样，当遭遇绝境，我们更多地会选择继续窝在自己的舒适圈，而不是拼尽全力去突破、去挑战。

浅浅的渴望，会使一些人注定永远无法实现自己口中的理想生活。

走到如今，我越来越感觉到，越往上走，越需要付出比先前更多倍的努力。越往上走的路，越艰难，甚至有时候艰难到让人怀疑人生，怀疑自己拗不过命运，但其实不过是我们想要的太多而付出的太少。

如果你真有一股不达目标不罢休的气势，哪里会信什么命运；如果真的有，那也一定是用来被你征服的。你要明白，别人看似光鲜明丽的背后，都暗藏着很多很多旁人无法体会的艰难。

抱着越来越好的心态去生活

> 人生有时候真的很奇妙。作为当事人的我们，常常在某一个阶段觉得自己好像就要完蛋了，可是，过几年回头看看，往事不过是一场过眼云烟。

01

2014年，我高中毕业，高考志愿填了一个自己根本不了解的专业，只因为它有一个还不错的专业名字——文秘。

毕业前夕的我，好希望高考就是一场梦。梦醒之后，我会有一个很灿烂的高考分数。因此我不想出门，见到同学老师恨不得找个地缝钻进去。

对我而言，厚厚一沓的高考院校目录只是一个个梦想的破碎。我只能挑挑拣拣出那些我的分数勉强够得上的院校，而那些排在最前面的大学，于我而言，遥不可及。

曾听人说，五年一个跨越。想来，从2014年高中毕业、专科入学，到2020年，已经过了五个年头了。这五年的风风雨雨，这五年的坚持，让当初那个迷茫的女孩变得异常坚毅，也愈加坚强。

记得有一次微信公众号里有一位小伙伴问我："你一路走来这么辛苦，有没有想过放弃？"

我回答："没有。"说出这个答案时，连一丝的犹豫都没有。

人生有时候真的很奇妙。作为当事人的我们常常在某一个阶段觉得自己好像就要完蛋了，可是，过几年回头看看，往事不过是一场过眼云烟。

我们依然在生活着，并且一直在往好的方向努力着。我们也许永远不知道明天会发生什么，但我们一定是抱着越来越好的心态在生活。

02

我曾经在专科学校附近广场的一家烧烤店做服务员，兼职工资每小时8元。

每天下午4点左右去店里准备烧烤的食材。用木签串羊肉、串面包、串火腿肠、串豆腐……串各种各样可以用来烧烤的食物。到晚上6点左右，陆陆续续有客人进来，这时我要负责上菜、端盘子、整理餐桌。晚上9点多，生意结束，店家包一顿晚餐，吃完就可以回家了。

自己第一次拿工资，拿了56块钱。

清楚地记得，那天晚上，我和舍友工作结束一起回学校。她骑车载我,我坐在车后座上兴奋地打电话回家,告诉老妈,我拿到了自己的第一笔工资。晚风吹过脸颊,从未有过的清爽。可能是因为第一次靠自己的劳动拿到一份报酬,那种喜悦至今无法忘记。

虽然那份工作我只做了十几个小时就不再去了,可那份经历让我尝到了靠自己赚钱的成就感。更多的,我体会到了靠体力赚钱真的很不容易。

03

后来,我又在一家面馆做服务员,主要工作是准备食材、整理卫生、端盘上菜。

每个星期去三次,每次工作5~8个小时,每小时工资15.5元,每个月能拿到1000~1400元的工资。在这份兼职工作做了两个多月后,正巧赶上我和团队参加苏州创博会举办的创意营,我们拿了团队一等奖。颁奖后,后续又有品牌推介活动,要在获奖的几个团队中选拔出四名学生由有经验的师傅带着做品牌策划。

我当时也不知道这个品牌策划活动到底对自己有什么帮助,但冥冥中感觉似乎比在面馆做服务员收获得要多一些——虽然参加这种活动根本没有工资。我还是放弃了在面馆做服务员的工作,放弃了摆在眼前的实实在在的工资,选择了去做自己感兴趣的事情,选择了那份没有任何金钱回报的活动。

我很幸运地在参加选拔的二十几名学生中被选中,和其他三名同学一起参加了第四届苏州创博会的筹备工作。

那场文案策划整整准备了四个月。从文案撰写到PPT制作,再到创博会当天上台推介,每一个环节都事先打磨过好多次。

撰写的文案被负责人否定了四次,后续的大致文案方向定了之后,具体的文案内容又修改了不下十次。PPT的每一页制作,从排版到构图,从图片选择到文字设计,前前后后也修改过不下十次。

为了确保当天的演示在数千人面前不出错,为了能够出色地在舞台上进行品牌推介演说,我亦私下偷偷演练了不下二十次。最终,那场推介圆满完成,负责人也非常满意。

事实证明,正是那一次文案训练,为我以后做品牌文案撰写工作打下了坚实的基本功。那一次的经历,让我懂得了取舍,懂得了在人生的十字路口如何做出对自己更好的选择。

04

最后一份兼职是在苏州做私人一对一的家教,这份兼职工资每小时不低于80元。因为这份兼职,我有了一份不错的收入,它帮助我度过了人生中经济最窘困的那段时光。它让我支付得起学车考驾照的费用,它让我在备考研究生时有了一笔经济支撑,它让我赚了足以支撑我研一上半年的全部生活费用……

从刚步入专科院校,到现在的读研,一路走来,跌跌撞撞、磕磕绊绊。我从来不是一个拥有好运气的人,前进的每一步也并没有什么高人指点。和很多普通的大学生一样,我只是在脚踏实地地生活,一步步地想让自己的生活变得越来越好,想让自己的人生能够多一点灿烂的色彩。

05

踏踏实实地走好人生的每一个阶段,不对生活失去信心;即使有再多艰难,也抱着越来越好的心态度过每一天。

每天睁开眼睛,不知道新的一天会发生什么。但唯一确信的是,在不知道可以做什么的情况下,把自己能做的事尽力做好,就已足够。

第二章
有趣的灵魂，从来不需要在
别人的世界里刷存在感

成长,注定是一件很孤独的事

只要一直走,一直在走,就已经足够了,不后退,就代表还有希望。

01

每天早上五点我就会从床上爬起来,然后蹑手蹑脚地走到洗漱台,用冷水洗一下脸;为了不影响舍友休息,我将书桌上的台灯调至昏黄,再一页一页轻轻地翻看手里的书。

已经有一个星期,我将起床铃声比以前调早了一个小时,每天利用这一个小时看一些专业外的书以拓展眼界。

六点四十左右,我从宿舍出来去食堂吃早饭,然后七点钟准时进入图书馆。如果当天没有课,我就一直待在图书馆里看书、做功课、写文章。

有段时间,老师留的功课好多,每个星期都要上交一篇不少于5000字的论文。我对自己严格要求,总是把每一项作业都力所能及地做到最好。别人花几个小时就能完成的作业,我往往要花双倍不止的时间去精益求精，我不知道这样做值不值得，但是，每一次对自己的严格要求，都让我觉得格外安心。

我一次次挑战自己的能力极限，不给自己半点喘息的机会。

很多时候，别人只看见你在台上谈笑自如的模样，却无法想象那背后一次又一次逼着自己的咬牙坚持。他们哪里知道，那在讲台上看似脱口而出的每一句话，甚至都是你用秒计时计算过的，那每张讲稿都经过了你无数次的修改与打磨。

这些，除了自己，别人并不知道，甚至有人以为你只是比较擅长而已。其实啊，哪有什么擅长，都是在多少次想要说"差不多就可以了"的关头，勒紧了最后一道心理防线，逼着自己一步步向前迈进。

02

晚上，和班上一位女同学欣欣一起从图书馆回宿舍。

路上，欣欣对我说："看你几乎天天在图书馆学习，真的很认真。"我说："我来这个学校，就是为了有可以静下心来好好学习和看书的机会，所以学校里的任何事情都没有这个重要。"

不知道为什么，我竟然能够如此直率地说出这些话，没有半点的遮遮掩掩和不好意思。大概不想再伪装了，大概因为太明白自己想要什么了，所以即使周围有再多的流言蜚语也伤不了我。

欣欣和我说："我们宿舍里，有的同学在做兼职，有的在做辅导员，大家都挺忙的。我不想兼职赚钱，所以给自己办了一张健身卡，想利用这段时间好好锻炼一下自己的身体。"我好奇地问她:"你舍友都是怎么找到兼职的?"她说:"是咱们同系的一个男生介绍的资源。那个男生特别有才,还会自己写诗歌。"

我说,我不认识他。

她笑我:"这么厉害的人你都不知道,你真的是'两耳不闻窗外事,一心只读圣贤书'。"

如果是五年前,我肯定会红着脸着急地加以辩驳,很怕别人说我只会埋头读书、其他什么都不关心。而如今,我不会了。我对她很友好地笑笑,什么都没说。

分开的时候,她突然对我说:"你是一个特别努力的女孩子。"

我很认真地回答她:"每个人都很努力,只不过方式不一样,我只是选择了我自己的方式。"

03

这几年来,我最大的变化,就是不再害怕别人在背后的说三道四和指指点点。对于这些东西,我只会在听过后选择轻描淡写地略过。

你认定了一种生活方式,选择了一种成长状态,就注定要放弃些什么和要独自承担些什么。你不可能处处都做得八面玲珑,不可能一边吃喝玩乐一样不落,一边勤奋苦读静心独处。

不好意思,很多事情我做不好也不想做。所以我选择把我的每一分、每一秒都"浪费"在我热爱的事情上,为我一生向往的生活去努力、去奋斗。这条路上,也许有人笑脸相迎,也许有人不屑一顾,可不管外界风风雨雨有多少,能够陪你走这条路的,只有你自己。

成长注定是件孤独的事。这种孤独有时伴随着难以忍受的寂寞与无助,再多的热闹都是别人的,你只有你自己。你只能义无反顾地守着自己的方寸土地挥汗耕耘,甚至有时候抬头,都不知道自己能不能走到尽头。但只要一直走,一直在走,就已经足够了,不后退,就代表还有希望。

如果感到烦躁，不如去跑步吧

> *同为女孩，我们不需要一定有A4腰、蜜桃臀、巴掌脸，但一定要保持身姿的挺拔与利落，认真对待自己，才能有生而为人的精气神。*

01

晚上7点，穿着橘色运动衫和运动短裤的我，发梢、额头、脖颈、后背、脸颊好像刚刚泡在水里一般，上衣被汗水打湿到用手一挤就可以挤出小半盆的水量。

从下午5点55分到7点，1个多小时，跑步10公里。这既是对白天学习、工作、阅读强度的升华，也是下一个24小时展开的起点。

从2014年进大学到如今的2021年，将近7个年头了。除了读书、写字，跑步就好像是一直陪伴我的忠实伙伴。甚至，随着一年年光阴的递增，运动的强度也在逐年逐月地增强。特别是这两年，运动量的强弱已经和我的生活幸福指数呈现正比关系。

从一开始气喘吁吁地跑800米，到后来的3公里、5公里、7公里、8公里，一直到如今的9~10公里，伴随着体能素质增加的，是对人生的那种不服输的态度。

我发现，如果一段时间停止跑步这项运动，那我的生活注定也好受不到哪里：一天下来感觉极度疲倦乏力；一个星期下来感觉生活一片苍白；两个星期下来脊椎大大小小的毛病就反复发作。坐着、睡着、站着，从脖颈往下都不自觉地一阵疼痛。

这是长期看书、阅读、写字累积下来的毛病，导致现在的我每天的常规阅读都需要依靠阅读支架，以保护脊椎不受弯压。

后来，我发现只要大汗淋漓地跑一场就可以舒缓甚至治愈一天的脊椎疼痛。于是，我开始把跑步当作一种医治脊椎疼痛的良药，几乎每个星期都会跑四五次，每次起码跑8公里。

02

我在宿舍后面的一条临近小河边的道路两边跑，戴着蓝牙耳机听自己喜欢的电台节目，目之所及皆是自然山水。

长尾巴的松鼠在灌木丛中闯过；白色的野鸭在河里嘎嘎游过；棕灰色的野雁扑闪着一对翅膀在湖面掠过；一对小情侣坐在河边的木椅上说着些我听不见的悄悄话；道路一边时不时地有学生经过，或结伴慵懒散步，或三三两两地手拿相机对着花花草草拍摄，或一对一对地在路边打羽毛球。

印象最深刻的一次是下着毛毛雨的天气，两条小路边的人寥寥无几。我在小雨中慢跑,耳朵里只听见淅淅沥沥的雨声,路边长椅上坐着两位女同学。雨滴越来越大,节奏也越来越紧密。

跑步经过两位女同学身边,碰巧听见一位女生说:"下雨了,咱们不用急着回去,可以打着伞接着聊。"

于是,那天,那条路上就只剩下了夜晚橘黄色的路灯、跑步的我,以及在雨中诉说家常的女孩,真是好美的画面。

想起电影《午夜巴黎》的结尾,男主角在夜晚的巴黎城中散步,邂逅了在巴黎一家书店内经常见面的女生。女生对他说:"我老板拿到了一张科尔·波特的新专辑,让我想起了你。"

男主回答:"我喜欢那样被想起……我能和你一起走走吗?或者请你喝咖啡?"

话音刚落,深夜的巴黎突然下起了一场淅淅沥沥的小雨,像两个人之间柔软又心意契合的对话,为这雨、这对话、这告白,锦上添花。

03

很享受长跑之后带来的那种全身心的舒畅感,好像身体的每一个细胞、呼吸着的每一寸空气、过往的每一个阶段、眼见过的每一份景致都被激活、重现。

我可以根据跑步时的感受来判断自己一天的状态。

当我跑完5公里、8公里,甚至一直到9公里,整个身体还处于那种稍稍疲软的状态，那就是说明我当天的压力度是五颗星的高危级别；当5公里跑完，步伐却越来越矫健，每一次脚步腾起又触地，全身随着这种摆动幅度好像飞起来一般轻快，那就说明白天的状态还不错。

但不管怎样，9公里一过，无论什么焦虑、烦恼、失落，都统统消失得无影无踪，整个人如释重负。真的就像有网友说过的那句话："跑步分泌的多巴胺仅次于谈恋爱，3公里专治各种不爽，5公里专治各种内伤，10公里跑完内心全是坦荡和善良。"

跑完步后的那种坦然，不仅是身体上的，更是精神上的。它会让你觉得好像内心升腾起一股热力，它可以引领着你去任何你想去的远方，只要你想。

是的，你的身材、你的体姿、你的形貌，皆是你是否有认真生活、用心对待自己的佐证。记得曾在网上看过这样一句话："什么叫'看起来就输了'，就是脱光衣服站在一起的样子"，每每想起这句话，总是哑然失笑。

04

同为女孩，我们不需要一定有A4腰、蜜桃臀、巴掌脸，但一定要保持身姿的挺拔与利落，认真对待自己，才能有生而为人的精气神。

如今，我跑步已经有差不多6个年头。在这期间，我练过瑜伽、跳过健身操、做过肌肉训练，但始终坚持着的、陪伴我的、让我不离不弃的，却是跑步这项最简单、最实用的运动。

只要一双跑鞋、一个开阔的路段，我感觉自己就可以一直一直跑下去，跑到汗如雨下，跑到设定的终点，跑到内心最深处的栖息之所。

想对自己说："愿你的过往岁月，皆不负每段年华。"

亲爱的姑娘，如果你经常陷入负面的情绪沼泽，经常会不自觉地否定自己，时不时地会遇到心绪不佳的状况，或者对生活感到烦躁，不妨去跑步、去锻炼吧。

你可以选择跑步，也可以选择做瑜伽、游泳、做健身操、打羽毛球、打网球……哪一种都可以，只要可以让你大汗淋漓、可以帮你洗掉生活给你带来的负累感。

坚持锻炼，可以让你活着的每一天都镶镀上你喜欢的滤镜色彩。这种色彩，你真的可以自己赋予自己，而那样的你，无疑是最美的。

尊重，比刻意迎合更靠谱儿

> 有时候，我们害怕的不是孤独本身，而是远离集体所带来的那些琐碎的声音，那些背后一串串让你防不胜防的语言暴力以及刻意的、恶性的疏远。

01

在网上，有人提出这样一个问题："开学之初，怎么才能看出新生与老生的区别？"

其中一个回答是："走在校园里，四个人一起走的准是刚刚报道的新生，两个人甚至一个人走的大都是老生。"

深以为然。

新生刚步入大学，往往对一切都怀有一种陌生感，这反而会使宿舍的集体凝聚力特别强。于是，上课、下课、吃饭、购物、逛街几乎都是四人成队，生活节奏一致得就好像一个人。所有个性化的东西都被小心翼翼地隐藏起来，每个人都在急切地寻找属于自己的小圈子，拥挤出那么一份暂时而稀薄的安全感。当慢慢熟悉了学校的生活环境,那份集体式的安全感就会破碎成一片一片的。渐渐地,越来越多的人开始把自己活成一座孤岛。

这也是我在大学感受最深的一点。

走进食堂,明明是四个人一张的桌子,却往往只坐了一个人;走进图书馆,明明足以容纳两个人的自习桌却也仅有一个人。哪怕一时找不到座位,那宁愿换个楼层继续找,也很少有人会想坐在另一位陌生同学的对面。

回到宿舍,每个人都开始了各自的生活。有时候,我们和舍友看似是最亲近的人,实则却很陌生。

曾有一位文学专业的学姐跟我分享她的亲身经历:

宿舍里的四个人各自属于不同的专业,几乎每天都很少碰头甚至连句话都很少说。学业上的、精神上的甚至身体上的疲倦根本无法找人诉说。

有一次,她实在受不了了,对她的导师诉说:"我好孤独,没有人跟我一起做什么,我去哪儿、去做什么都是一个人。"

导师对她说:"读研期间,没有人和自己相处是很正常的现象,没有人,那就学会自己一个人独处。"

比我们多走过一些路的长者常常会告诉我们,孤独是人之常态。

其实,一开始我们彼此也试着去努力相处,不是吗?我们试着去跟周边人统一生活步伐,试着去合拍,试着让自己的世界接纳更多不同的人。

可是，有时候试着试着，那种人与人之间的隔阂感和无力感就会越来越明显，于是我们渐渐明白，与其把时间花在别人身上，不如好好经营自己。既然无法融入，那就别勉强自己。因为刻意相处，真的蛮累的。

02

有时候，我们害怕的不是孤独本身，而是远离集体所带来的那些琐碎的声音，那些背后一串串让你防不胜防的语言暴力以及刻意的、恶性的疏远。

曾经我在写作平台收到这样一条私信：

"我想问，你是怎么在同学异样的眼光里坚持做自己的？比如早起读书、早起锻炼、婉拒自己不喜欢的集体活动等，这样肯定会有人在背后议论你不合群吧？我也想做自己，可是我又很在意周围人的眼光，我怕别人说我不合群。"

从这些只言片语中，我可以体会到对方那种害怕被闲言碎语中伤的无力感，那是一种既想要独自拼命生长又害怕被孤立的矛盾感。

虽然，我们都说孤独是常态，是向内生长的力量，但我们是人，是活生生的、有血有肉的人，那颗渴望体验人与人之间温暖与感动的心一直火热着。甚至，有时哪怕对方简简单单的一句"吃饭了吗"都足以让你感到前所未有的温暖。

很多时候，生活的常态就是，我们在独自成长的路上，总是会忍不住时不时地回头去寻求那浅浅的温情。

03

因为求学经历坎坷，我经历过各种各样的人际关系。

刚上大学之初，我也遭遇过明里暗里的排挤与议论，调整自己的状态后，我得到的更多的是同学之间的温暖与感动。

我到现在都记得，本科两年，我的宿舍每天晚上十点都会亮着昏黄的灯光。那透过窗户的隐隐亮光，让在图书馆学习一天深感疲倦的我感受到一种家的温暖，那是一份归属与慰藉。

其实那两年，除了睡觉时间，我没有一天在宿舍和室友相处超过两个小时。

记得一个星期四的晚上，一个舍友说，她星期五要回家一趟，在家度过周末。我们互相道晚安，说明天见。她开玩笑和我说："别明天见了，估计我们只能周一见。"

因为早上我起得很早，她们一般很少能看见我。晚上我从图书馆回来，她们有时都已经休息了。但那两年，我和舍友相处得很愉快。我们会在睡前讲故事，会一起分享某个商品的优惠券，甚至有人兴之所至会诵读《诗经》里的某个段落。话不多，但彼此理解、相互尊重。

有时候，人与人之间的情感并不是靠距离与时间来维持的。如果一种友情需要靠地理空间的优势及时间的增量来维持，那么，只能说这份情感过于单薄而脆弱。

04

我知道，在大学会有各种各样复杂的、隐晦的人际关系需要处理，稍不得当就会给自己带来不浅的心理创伤。可我也始终坚信，你以什么样的态度对待别人，别人就会以什么样的态度对待你。

在这里，我稍稍分享一下在人际关系特别是舍友相处方面我自己的原则，希望能对你有所帮助：

一、不要在背后议论别人。

每个人都有缺点与优点，试着去发现别人闪光的一面。如果你觉得与有些人相处不来，那就以普通同学的身份和距离去相处。即便你真的有看不惯的同学，也不要在背后议论他。一方面，你议论别人时，实际上就在恶化你与谈论对象的关系，因为天下没有不透风的墙。另一方面，你议论别人越多，你沦为别人口中的议论对象的机会也就越大，这对你、对你的周边关系都有百害而无一利。

请记住，无论别人是好是坏，我们都没有资格去议论他的是或非。

二、不要贬低别人。

不要轻易贬低别人，也不要轻易认为自己很了解谁。没有人能够彻彻底底地了解别人。也许，你眼中的那个他是带有很强的主观色彩的。有时候，我们连自己都不一定完全了解自己，更不用说别人。所以，请别把你对他人的主观评判带到公共交流的视野中去。

三、学会尊重别人的生活习惯。

你的舍友、你班级里的同学来自五湖四海,各自有不同的生活习俗、思维方式、处事习惯。当遇到自己看不顺眼的事情时,先别急着指责别人,问问自己,可以从自身的哪些方面出发去改善眼下的状况。因为,改变自己永远比改变别人来得容易。

你不一定需要与每一位同学深交,但请给予每一位同学发自内心的尊重,这些是会被对方感受到的。

在大学,我们不能左右别人的一举一动,但我们可以不断改善自身的言行举止,避免自己成为伤害他人的一份子。这,就已足够了。

把心沉下来，路会越走越明亮

> 有时候，不是生活太苦，而是我们的心太浮躁，浮躁到误把他人的声音当作自己的意愿，把别人的思想不自觉地嫁接到自己脑中，把别人的观点当作自己为人处世的准则。

01

认识甜甜姐时，我正值大二。那是在第四届苏州创博会上，她从深圳过来参加原创品牌展览。

当时，我们团队一共四名成员全程参与到第四届创博会筹备当中，每个人负责一款原创品牌的文案推介，根据品牌调性去塑造属于它们本身的故事。

整个团队成员从前一年的12月份就开始着手准备，一直到第二年4月份，在整整将近半年的时间里，我们需要对接到各自负责的原创品牌、和品牌创始人做好沟通交流、挖掘品牌背后的故事，并在创博会当天在主展览上为所有会场观众进行推介。

甜甜姐原创的一个品牌是我们团队成员负责的品牌之一。

那时候，这个品牌还主要是创作以鸡血藤为载体的原创手工作品。这个品牌下的鸡血藤手镯、胸针、项链和我们平时在网络上见到的大众款设计都不太一样，细节中处处可见专属于女孩子的精致、细腻。

从关于品牌的沟通中，我们了解到甜甜姐是一个因家庭变故意外辍学的姑娘，只有高中学历的她文文静静却又谈吐不凡，就如她旗下的产品一样，给人的印象非常好。从那时起，她和她的产品就刻进了我的脑海里。

02

后来，创博会结束，我们不再联系。

有一阵子我发现，她的品牌微信公众号不再更新，淘宝店铺产品也不再出新，一直处于冷场状态。翻看她的朋友圈，我看见她发了很多唯美的照片，我以为她转行做了摄影师。直到最近，我替舍友拍摄了一组写真，我把写真照发在了朋友圈供朋友欣赏。当我打开朋友圈点赞通知时，发现甜甜姐赫然在列。

熟悉的头像、莫名的亲切感，我鬼使神差地点开了她的头像，进入了她的朋友圈。

我好像发现了一块新大陆。

甜甜姐又重新做起了设计，不再是鸡血藤，而是以纯银为制品的原创饰品，包括胸针、耳环、戒指、项链等。

我通过她的私人朋友圈了解到她的品牌还拥有一个专属的微信号，我顺藤摸瓜地加上，然后抱着试试看的心态在她的私人微信里发信息，咨询她关于单反摄影方面的问题。

想来已经很久没有交集了，突然的打扰让我感到一丝惭愧。

原本没奢望能得到回复，没想到过了一会儿，她一连串地回复了我好多好多关于摄影的问题。我们聊了有半个小时，在聊天中，我明显感觉到，将近五年过去了，甜甜姐的事业已然有了翻天覆地的变化。

是的，她变得越来越好了。

她朋友圈里的自拍照有了一种很凛然自信的气场与魅力，她传达给我一种很高级的自信，一种很积极的生活姿态。

在那个专属微信号里，每一款产品的场景搭建、摄影风格都让人赏心悦目，水母耳环、巴洛克珍珠耳钉、连理枝耳线、蜻蜓胸针……

一路缓缓看下来，我仿佛误入了一个小小的宝藏库，雅致、清丽扑面而来。

甜甜姐告诉我，里边的每一款产品照片都是她用单反自己拍摄的——单反是自学的，后期产品图的精修工作是她专门到线下学习培训后自己一点点修出来的。

她热心地推荐给我她报名学习的摄影机构的微信名片，并嘱咐我，那个微信公众号会时常发一些摄影小技巧，特别实用。

她还说，她现在已经不做鸡血藤了，因为没有融合的佩戴体验，销量一直不是很好，所以她开始设计别的产品。

我觉得有些遗憾，但想想又为她感到高兴。

03

和甜甜姐聊完天后，晚上睡觉前我发信息给朋友，对他说："我在创博会认识的那个小姐姐越来越厉害了，比我第一次认识她时要优秀好多。"

朋友对我说："距离你第一次认识她已经快要五年了，大家都在变得越来越好。"随后他发给我一个工作室的手工原创作品，和甜甜姐的原创银饰是同样的系列，不过款式、种类有些许差异。

这个工作室的主理人我是认识的，也是个女孩儿，我们在同一个院校上过学，后来经朋友介绍，我和她有过一些接触。

她在学校的创业大厦有两间单独的工作室，里面全是自己手工原创的饰品，饰品的陶瓷器具皆是亲自用土窑烧出来的。从原料选材、饰品设计，到细节打磨、场景展示，一系列流程都是她一个人在做。

我在她的工作室做过一条类似波西米亚风格的彩釉项链，当时多亏她协助我，告诉我如何搭配、如何编织、如何设计中意的样式。

一直到后来，我离开学校，到其他院校继续求学，这些年她都一直专注于自己的工作室——教学陶瓷、设计饰品、推广产品，一样样越做越精细。朋友发来她现在所做饰品系列的展本，一页页都是成套的饰品——耳环、手链、项链、耳钉、脚链、戒指……

我感叹，五年过去了，身边的同学、朋友，确实大多都发展得越来越好。尽管过程中可能多多少少有些曲折，但越往后看曾经走过的路越会发现，原来自己一直在前进，而不是想象中的原地踏步。

04

偶尔会和朋友小枫聊天，这个善良可爱的姑娘总是嚷嚷着要请我吃饭。

这个我在大学时认识的姑娘常常和我聊她就职的公司、她的同事、她的老板，话里话外皆是满满的向上的冲劲儿。

我印象很深的一点是，她曾告诉我比她稍微年长的一个同事业务能力超级强，平时接手的都是几百万的业务，每次拿到的提成相应地也很高，她很羡慕。继而话锋一转，她说自己以后也会一步步变厉害的。

前几天，小枫在微信里给我发消息，说一定要请我吃饭，因为自己接了入职以来的第一单业务。她说，虽然业务小，但能从中学到很多东西，等慢慢积累了工作经验，以后接大业务了还能请我吃豪华大餐。

她字里行间皆是抑制不住的兴奋与喜悦。我嗔怪她，一个女孩子在外面，要多攒点儿钱，这样做什么事都方便。我们约定，等我再回苏州，一起出来逛街、吃饭，还有，为她拍照。

05

可能是由于学业生涯比较坎坷，我接触的人里，有专科生、本科生，也有研究生。

刚刚专科毕业那会儿，我发现我身边的同学大都选择离开苏州回老家工作。

有一个平时见面比较多的理科男，一个人在苏州时心好像总静不下来，总感到生活压力很大。后来，他选择了回老家，和女朋友一起在老家工作。

偶然再次有了联系之后，我发现回老家之后的他整个人的生活越来越进入正轨。

他的工资收入相对于老家那边的人群还是比较丰厚的，甚至和苏州的普遍薪资不相上下。有时候，他还会额外接一些私单赚钱。比起在苏州，他在老家明显在工作上更用心、更有拼劲儿。

在我看来，将近两年时间过去了，作为一个社会人，他的职业生涯在一步步稳步向前；作为一位男朋友，他越来越有责任心。

这些，都是在岁月洗涤中留下的足迹，但却好像很容易被我们忽略。

其实，一个人只要能够把心沉下来，一步一个脚印地去踏踏实实地做事，不被外界的声音淹没，不迷失对生活的信念，即使当下迈出的步伐很小，但日积月累，总会由量变发生质变，沉淀出属于自身的独特魅力。

有时候，不是生活太苦，而是我们的心太浮躁，浮躁到误把他人的声音当作自己的意愿，把别人的思想不自觉地嫁接到自己脑中，把别人的观点当作自己为人处世的准则。这些外界的情绪会一点一点地积压在我们的潜意识里，慢慢歪曲我们原本对生活的期待。

只有学会定时审视、定时清零思维深处别人的印迹，我们自己的思想才能在时光的洗涤下，沉淀得越来越有分量。

越是一个人的路，越要相信，自己会越走越明亮。

身心无羁绊、清明且澄澈，是一个人行走世间最动人的姿态。

我没"打卡"过很多景点,但我也有世界观

> 与其追逐别人口中的"世面",不如好好思考如何构筑适合自己的生活状态。

01

曾刷到一则视频,视频中一个看着年纪不大的女生开口第一句话就是:"没见过世界的女生,哪里来的世界观?"

那一阵子网上频频爆出类似"没有吃过某火锅""没有用过大牌护肤品、化妆品"与"见过世面与否"等话题的讨论。

每次看到这种标题的内容,我都会倒吸一口凉气。

不知道从什么时候开始,类似这种自带优越感的"伪世面"腔调流行于互联网上,又如洪水般蔓延至大家的日常生活中。

互联网络时代给予我们的这一套划分人与人之间优越与否的标准,貌似精准又明晰,却不知道它明目张胆地挫伤了多少人的自尊心,更不知道它有多少可信度。

我没去吃过某火锅,也从来没买过大牌护肤品,甚至没跨省去过

其他城市游玩。所以你看,在一些人眼里,我可能就是那种"没有看过世界,没有自己的世界观的人"。但我要告诉你的另一面还有:

在上研究生之前,我吃火锅的次数五个手指头都可以数过来。因为我从来不觉得火锅这种食物有多么健康。一直到读研究生,每次同班同学聚会大家都会选择吃火锅,也正因此,我才能马马虎虎地说自己吃过几次火锅。

直到现在,平时和朋友出去吃饭,我也很少会选择吃火锅,在我的饮食习惯里,它一般都是排在最后的选项。

我生于扬州,专科、本科都在苏州上的,读研究生才跨省到浙江杭州,所以我的活动范围总是围绕在江苏省内。从小到大,即使出去旅游,我也没有离开江苏省很远。

这些,就是我一个二十几岁女孩的生活状态。

02

我生平第一次坐飞机是在2021年4月23日,和同专业的老师、同学一起去重庆参加为期三天的学术会议。

我记得那一天到机场取票,我排队跟在导师后面,对他说:"我第一次坐飞机,老师您拿了票等我一会儿,别把我搞丢了。"

导师很惊讶,他笑着说:"你第一次坐呀?那我真得好好看着你。"

飞机起飞的那一刻,我突然感受到人类的伟大,感受到一种从无到有的身为人类的自豪感,我想,这就是第一次坐飞机带给我的最大的感受。

三个多小时的旅程,我眨巴着眼睛通过窗户看蓝蓝的天空,第一次感到自己离穹顶的白云如此之近,近到触手可及,它们像极了我小时候拿在手里的一朵朵柔软的棉花糖。

返程是在晚上,从重庆回杭州,我坐在临窗的位置瞧见机翼在深邃的夜空中滑出一条浅浅的弧线,还有不远处橘红色的界限分明的天际线。越过机翼往外看,也会看到地面上不曾见过的风景,这是一种新的体验,但也只是一种体验罢了。

03

其实,任何人、事、物本身都没有太多的内涵,但因人的存在,便赋予了它们不同的意义属性。而我总觉得,自媒体的兴起仿佛给了各色人等宣泄的出口。于是,人们以个性展示为借口、以自媒体为工具,在大众空间肆意发布所谓的个人价值观,带来一波波群体性的附和与盲从。

所谓的有关"世面"的争论又何尝不是这种"伪价值观"下的产物。

但其实很多人可能一辈子并没有体验过多少富庶的生活、游览过多少名胜景点、去过多少艺术名都,但却照样创造出了流传后世的瑰宝。

现实主义者梭罗一生都未远离其出生地马萨诸州的康科德,他仅基于自己在瓦尔登湖的生活经验，却写出了流传后世、影响深远的著作《瓦尔登湖》，向世人证明了人所需要的并不是过多的物质享受，而应该是一种简朴的、独立的、发自内心的富足的自然生活。

被誉为"太阳之子"的画家梵·高，27岁开始其画画生涯，余生潦倒贫苦、不为人知，却凭借其独特的生命创造力创作出一幅幅为后人所珍藏的向日葵、星空、自画像等画作。

画家卡拉瓦乔一生混迹于贫民之中，却在文艺复兴人才迭出之际，凭借自己对现实生活的思考创作出一系列文艺复兴启蒙画作，在西方美学史上占据了一席之地。

……

这些或许离我们当下生活的年代太过久远，但他们的历史存在却足以颠覆自媒体时代的某些"伪命题"言论。

04

去过多少地方旅行、"打卡"过多少网红餐厅、用过多么昂贵的大牌护肤品、化妆品等，真的不能代表所谓的见过世面与否。

与其追逐别人口中的"世面"，不如好好思考如何构筑适合自己的生活状态。

比如，踏实工作。以扎实的一技之长为自己在职场谋得一席之地，供养自己当下的生活以及无数个不期而遇的未来。

比如，好好爱自己。在每一个稀松平常的日子，给自己做上健康的一日三餐；在每一个值得庆祝的节日，给自己一份力所能及的奖赏——哪怕是一杯咖啡、一束鲜花、一份甜点；在每一次以为过不去的失魂落魄之际，也要好好睡觉、按时吃饭、定期和朋友联络聊天……这些贯穿于细微处的一点一滴就是爱自己的印记，也是好好生活的证明。

再比如，尽心尽力爱身边的人。在朋友遇到困难时，力所能及地献出自己的一份力；在拥有某种喜悦时，学会和身边的人分享，一份喜悦就会裂变为双份的快乐。

不为某种经验的缺失而感到自卑，不为某种主流附和的价值取向而感到被孤立，不为某种不被认可的生活方式而感到怯懦。

努力生活，好好爱自己，也好好爱身边的人，这样的用心生活比盲目追求"见世面"要可靠多了。

自我肯定，是内心自洽的前提

> 能够让自己活得自信且洒脱、活得坚定且果断的，永远只有发自内心地对自我的认同与接纳。

01

每次看见别人写满无数奖项荣誉的简历，总会有一种莫名的失落。这不是忌妒，而是一种面对自我的无能为力。

前几天，偶然看见一些本科优秀毕业生的名单以及历年成果。有人连续四年获得一等奖学金，有人做的科研课题斩获四五项奖，有人在短短四年大学期间发表六七篇文章……像这样满屏都是德智体美全面发展的表彰文，着实让人看得上头。

特别是看到"××学生四年来发表了××篇学术文章"时，总要在头脑里兜兜转转好几个回合。从人家大一进校开始算，一直算到大四毕业，再从一年有多少天、多少个小时，算到四年一共有多少天、多少个小时。

这些可不是白算的，我有一肚子的疑问要刨根问底。

"按照这位学生发表论文的速度，大一开始进校，上半学期苦读专业，之后减去大四实习期，还剩三个学期。他发表了五篇论文，也就是一个学期能写一篇半的成量。天呐，这真是又厉害又可怕。"

想来自己也是有过论文发表经历的人，就在一年前，还发表过一篇马马虎虎的论文。不算最开始前的主题构思，从开始着手写，一直到落地定稿，可是花了我整整大半年的时光，满满算来也是有六个多月的。

论文改过13稿后，我整个人都有一种筋疲力尽的感觉，直到一个月后才将情绪调整过来。

可是，再看看别人，瞬间明白什么叫"天外有天，人外有人"。

和朋友聊起这件事，我对他说："他们都好厉害啊！但是导师明明告诉我，就算是导师自己写作发表一篇文章也要大半年呢，难道导师当初只是为了安慰我才那样说的？"

02

越来越认清自己之后，我发现偶尔自嘲一下也是一种不错的情绪调剂方式。

然而，当我们在情绪恍惚不安中碰到比自己优秀很多的人，是真的会陷入一种跌入谷底的绝望感。

"怎么别人那么厉害，偏偏我那么笨？"

"别人不用努力就能轻易取得不错的成绩,而我付出双倍的精力仍然只能原地踏步。"

"他们都嘲笑我,说我很努力,可成绩一点儿都没提高。"

……

我想,很多人应该都或多或少地经历过这些言语的打击,我也是。但不知道在什么时刻,突然一下子变得不在乎了。不在乎别人的闲言碎语,不在乎所谓的面子工程,不在乎谁在背后有意中伤自己。因为这些人与事、这些言辞与评价,不会跟随自己一辈子,也不会真正地定义自己。

能够让自己活得自信且洒脱、活得坚定且果断的,永远只有发自内心地对自我的认同与接纳。

03

最近在阿兰·德波顿《身份的焦虑》中,看到这样一句话:所谓成功,应该是成熟到拥有肯定自我的能力。

它重新定义了"成功"这一概念,不是从世俗意义上,不是从名利角度,也不是从他人视角,而是从一个人的内心尺度层面。

"成熟到拥有肯定自我的能力",在我看来,这其实包含了两个方面:承认自己的能力限度,但也拥有突破现有能力桎梏的底气。

处于低谷时,不自怨自艾,相信自己总会有从低潮中走出来的那一天。再凋零残破的花朵,都曾经有过花团锦簇的岁岁年华;再卑微的种子，也都有破土而出、迎风展叶的契机。

抵达高峰时，时刻告诫自己，从高谷向下逐步滑落是一个不可避免的过程。正所谓"人无千日好，花无百日红"。

我们总是在某个阶段感觉人生一路顺遂，在某个阶段又会觉得前路一片荆棘泥沼。因为生活需要面对太多不确定、可变化的因素，没有自洽的心境自然免不了随生活的起伏不定而恍惚迟疑。

这时候，不妨试着放慢甚至停下匆匆而行的脚步。不去想未来，不去忆往昔，只是念当下。因为人是需要在某个时间段有意识地给自己按下一个暂停键的，不去让杂乱的思绪无止境地蔓延，不去接受外界任何信息，不去听从任何人的声音，而是向内审视、向内探求答案。

即使寻得的答案并不完美，但也绝对不会太糟糕。

真的只是停下来，哪怕只是两三个小时、半天、一天，或者一个晚上，回看曾经走过的路，以及此刻走到此处时内心的感受。这是最简单的，也是最难的。

因为，有时候比起面对生活本身，真实地正视自己、丈量自己的内心，是需要付出更多倍的勇气与毅力的。

在生活的未知中，把握可控的自己

> *生活本身就有很多不确定性，在追梦的过程中，不可避免地会伴随着失落、绝望、无助、求而不得。也许，哪怕我们用尽全力都不一定能得到自己期待的结果，但可以肯定的是，如果不全力尝试就一定不会得到自己想要的。*

01

想起最近看的一部电影《百万美元宝贝》，影片名字和内容有些不相协调。影名透着一股诙谐轻松感，但内容却是励志而又令人心痛的。

影片讲述了这样一个故事：

因和女儿关系疏远，拳击教练法兰基长时间在人群中封闭自己，直到麦琪走进他的体育馆，请求法兰基收其为徒弟。麦琪坚毅的决心感化了法兰基，法兰基决定把麦琪培养成出色的女拳击手。

尽管过程很艰辛，但二人在训练和比赛中的相处令法兰基得到了亲情的抚慰，而麦琪也如愿登上了拳击场，并在拳击界一步步有了自己的声望。

就在梦想触手可及的时候，命运却给了麦琪惨痛的一击。

为了更快地提升拳击水平，为了站上更高的平台，为了拥有更多的掌声，麦琪不断地参加拳击比赛，一次次挑战更高水平的对手。可就在她快要拿到冠军奖牌时，却被对手以一击下流的重拳击碎了梦想。

麦琪的身体受到了极大的摧残。她不能呼吸，要靠呼吸机才能维持生命。她腿上的伤口更加严重，甚至要面临截肢。她的后半生注定要像植物人一样生活，注定永远无法再站起来。

更残酷的是，当麦琪满心期待能得到亲情的安慰时，她的家人却只渴望谋夺她所有的财产——在他们心中，麦琪的生死并不重要。

身体的残缺、梦想的破灭、亲情的背叛，让麦琪产生了结束生命的念头。可她全身都不能动，甚至连自杀都是奢望。

麦琪对教练说，她曾经站在全世界最顶端，无数人为她呐喊，她拥有过被梦想之光照耀的过去。在这些曾经的荣耀还未完全从身上消失时，她想带着这份希望离开人世，而不是继续狼狈卑微地活在世上。

02

这部影片不是一般的青春励志片——主人公在追寻梦想的道路上收获了期待中的掌声与鲜花——而是在跨进梦想之门的前夕、在享受到无数掌声之后，幸福戛然而止。

如果早知道结局是这样的，那曾经努力追寻的意义又在哪里？

关于这部电影，评论区有这样一条留言：这部电影诠释了努力不一定会成功，但不努力一定不会成功。

麦琪为了梦想赌上了一切，包括自己的生命，但关于追寻梦想这件事，至少她到死都是不后悔的。

03

《百万美元宝贝》虽是一部电影，但也折射了赤裸裸的现实生活。

现实中，有很多人都在为自己理想中的生活而努力拼搏，可如果到最后终究一无所获，那我们该如何面对呢？很多人的焦虑、迷茫、无助，不就是在恐惧这样的一种结局吗？但比起一眼望到头的后半生，人们更希望人生充满不确定的惊喜与期待。

生活本身就有很多不确定性，在追梦的过程中，不可避免地会伴随着失落、绝望、无助、求而不得。也许，哪怕我们用尽全力都不一定能得到自己期待的结果，但可以肯定的是，如果不全力尝试就一定不会得到自己想要的。而我们能够做的，就是在生活的各种未知中把握可控的自己、一步步接近理想的生活。这，就已经足够了。

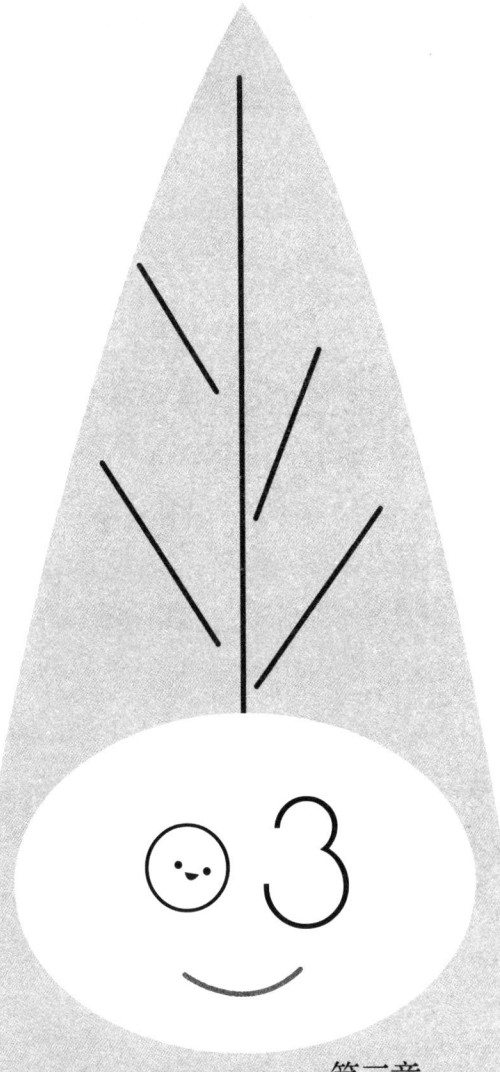

第三章
又美又飒地前行,跟好运
撞个满怀

人生本就是一场冒险

> 不管你面临什么样的抉择，不管是出于何种目的，当你犹豫时，可以先问问自己内心最想要的是什么，跟着自己的内心走。大脑会计较得失，心会明白你真正所愿的。

01

记得考研第一志愿复试结果出来后，我接到调剂通知的学校不是自己理想中的学校，我当时整个人情绪状态都不是很好。

我不知道该如何做出选择，是放弃调剂开始找工作，还是随便选择一所院校开始自己的研究生生涯。万般无奈之下，我打电话给信任的老师。

老师在电话里问我："你告诉我，你愿意为了一纸研究生文凭降低自己对于院校的期待、随便选择一所大学吗？"

我说："我不愿意。"

结束通话之后，我没有再去征求任何人的意见，拒绝了可能是自己唯一机会的院校递来的橄榄枝。

第二天一早，老师在微信里给我发来了很长一段话：

"每个人每天早上起来要出门的时候，都要面临两条路：一条是通畅的大路，两旁高楼林立、灯红酒绿，街上人来人往，诱惑在招手；另一条是通往高山的崎岖小路，布满荆棘，要拿着砍刀、绳索才能踏上这条路。而且，根本无法知道前面还会遇到什么。

大部分人都选择走大路，因为不用费力气、不用费脑子、不用努力，到处莺歌燕舞，看似人生繁华。只有少数人选择那条艰难的路，因为他们想要提升自己、想要与众不同。

我明白了为什么成功是属于少数人的，为什么大多数人平庸。选择的机会每天都有，每一天我们都可以重新做出选择，但人们依旧按照惯例行事。

我懂得了这个道理，我就告诉自己，我不愿平庸，我愿意付出努力，我要与众不同。"

当时，这段话给予了我坚信自己选择的勇气。

至今，我时常会把它翻出来看一看，甚至有时候会把它送给一些在生活中暂时感到迷茫的人。

如今再回头看这段话，再回顾曾经那段无比挣扎的经历，我庆幸当初的自己坚持了内心所想、选择了内心所爱，这才一步步逐渐成长为今天这个心有所期、精神明亮的自己。

02

长大之后，我们会慢慢发现，每个人的生活都会面临很多的抉择。小到衣食住行，大到择业、教育、恋爱。每一个取舍都通往一个路口，每一个路口都代表一种人生方向，或平坦顺遂，或满路荆棘。有的路会有拨开云雾见天明的希望，有的路，一失足，千古恨。

正因为这样，我们会格外在意每一人生关键时刻所做出的抉择。而有时候，正是因为格外在意，所以无形中束缚了自己大胆往前走的勇气。

在人生的十字路口，我们会犹豫，会迟疑，会不知所措，会选择安于现状甚至以逃避的心态面对当下可以改变的生活。

有的人不满意自己的恋爱对象，但也不愿意轻易放手。他们会时不时地向身边的好友抱怨，甚至甘心忍受彼此不间断的争吵，但却不敢彻底结束这段关系。

有的人不满自己的工作，宁愿带着抱怨消极的心态去朝九晚五地上班甚至加班，也不愿意选择辞职、重新为自己选择一条更好的职业发展道路。

有的人既想要提升学历，又不愿意放弃目前的工作，但又不能够做到两者的平衡，到最后一边不满现状、一边活在"当初为什么不"的悔恨中。

他们会选择问身边很多很多的人，但唯独忘记静下来问问自己内心最想要的是什么。

人生本就是一场冒险，你永远无法预料每一个抉择之后需要面临的状况。

我们能够做好的，就是坚持内心最本真的想法，时刻在成长的道路上保持忧患意识。

03

有很大一部分犹豫着是否要提升学历的人，其实本身对自己所处现状的满意度并不如他们所言的那么糟糕。潜意识里，他们还是对当下的工作比较满意的，至少是能满足自己的心理预期的。

而他们之所以会想要提升学历，或者表现出对现状的不满意，很大一部分原因是他们受到了来自外界的压力。

当一个人开始有意识与别人进行比较时，如果那个比较对象的生活状态比他好，这种差距感会迫使他产生要做出改变的念头。如果这种要改变的念头不是很强烈、不足以让他做出果断的改变，他就会犹豫、会踌躇不前。

04

到底是选择参加工作还是选择提升学历？到底是继续维持一段不那么融洽的感情还是选择结束它？不管你面临什么样的抉择，不管是出于何种目的，当你犹豫时，可以先问问自己内心最想要的是什么，跟着自己的内心走。大脑会计较得失，心会明白你真正所愿的。

其次，可以仔细想一想做这件事情所能产生的最好的和最坏的结果。当你能够接受最坏的结果，那还有什么不敢去做的呢？

最重要的一点：无论身处什么样的境遇，无论选择什么样的道路，时刻保持忧患意识、努力提升自己。

借此，分享一则很有意思的小故事：

有一天，龙虾与寄居蟹在深海中相遇，寄居蟹看见龙虾正把自己的硬壳脱掉，只露出娇嫩的身躯。

寄居蟹非常紧张地说："龙虾，你怎么可以把唯一保护自己身躯的硬壳也放弃呢？难道你不怕有大鱼一口把你吃掉吗？以你现在的情况来看，连激流也会把你冲到岩石上去，到时你会很危险！"

龙虾气定神闲地回答："谢谢你的关心，但是你不了解，我们龙虾每次成长都必须先脱掉旧壳才能生长出更坚固的外壳。我现在面对危险，只是为了将来发展得更好而做出准备。"

寄居蟹细心思量一下，自己整天找可以避居的地方，而没有想过如何令自己成长得更强壮，整天只活在别人的荫庇之下，难怪限制了自己的发展。

没有人提点的路，要学会和自己死磕

> *步伐虽小，假以时日，回头望，脚端之下原来已越过无数陡峭山峰，是汗水、泪水，更是身与心的一次次淬炼，才让我们有了这一次驻足俯视的机会。*

01

研一下学期是我近几年来感觉最累的时光。

特别是有一阵子，我的神经长期处于紧绷状态，大脑时时刻刻都在高速运转。一门接着一门的功课预习，大量的资料研读，一篇又一篇的课题论文。特别是，我正式开始写一篇理论强度较大的学术论文。

从第一稿到最终落地的第十一稿，将近两万字的论文，硬生生地被大改了一遍又一遍。

直到现在，我再回头翻看最初的第一稿，心里只想：用"面目全非"四个字形容也不为过。

为期半年的学术论文写作给了我太多太多的震撼与思考。伴随着不断修改、打磨、完善着的，是由内而外的自我淬炼。

洗涤去潜意识里焦躁的肤浅，沉淀下自我最深沉的专注。

先是过年前的12月中旬确定了论文写作研究对象，又用了半个月全面熟悉研究对象、初步拟定论文的内容框架。

之后，从2019年12月末到2020年1月底，整整一个月有针对性地研读专业理论文献。

到2月初，正式动笔写作。花费半个月，初步写成一篇一万五千多字的论文。将初稿战战兢兢地发给导师看，根据反馈意见调整论文思路、框架结构。

第一次，第二次，第三次，第四次，第五次，第六次……还未到学校之时，论文稿件已经改了六遍，每一次都以不超过十天的周期快速修缮。疫情在家的那一段时间，我几乎每天早上一睁开眼就坐在书桌前看文献资料；午休之后，又着手开始修改。这样的生活节奏，在到学校之前一直持续着。

记得改到第六遍时，我对朋友说，感觉已经到了我的能力极限，我不知道该怎样再去修改了。

过了一个月，回到学校，有一天中午我正在学校的快件收发室取快递，导师给我发微信消息，要在下午两点钟跟我当面聊一下论文。

虽然没有说明具体要聊的内容，但出于直觉，我隐约感觉我的论文可能又要大改。

那天，我一如往常躺在床上午休，心绪却怎么都安定不下来。迷迷糊糊地睡着，醒来之后却觉得格外疲惫。我坐在书桌前，从抽屉里抽出一盒饼干，粉色的甜芯、脆皮的外壳，一口咬下去味蕾间充溢着浓浓的甜味，甜到发腻。

我就坐在书桌前，把一盒子的饼干一根根吃掉，一边吃一边看着镜子里愁眉不展的自己，然后逼自己憋出一个笑脸。

一整个下午，从两点谈到将近五点，导师耐心地从选题思路、理论创新、论文构架等角度为我讲解论文的修改方向。

从办公室出来的那一刻，我的心绪乱成一团麻，回到图书馆想趴在书桌上休息几分钟，可大脑却异常清醒，我睡不着，满脑子都是论文。

02

我打开电脑看第六稿的论文，从第一页看到第十五页，心里有点不服气。

当时的我是真的舍不得删去花了那么大精力写成的论文，还倔强地认为自己写得已经很不错了。其实，现在回头想想，那一刻我是在害怕，我怕自己能力不够。我以为自己真的达到了自己能力的极限，我没有足够的信心往前再逼自己一把。

但当我被压力逼着重新审视论文、重新寻找理论创新点、重新研究研究对象时，忘了在具体的哪个瞬间，我竟然对自己先前写的论文产生了一种嫌弃的感觉。

一个星期之后，按照导师的修改意见，我修改得心服口服，并把第七稿发给了导师。

导师发消息说，这次的修改无论是在语言还是在理论阐述方面，都已经有了很大的提升，最后还发给我一句：孺子可教也。

看着导师发来的信息，回顾自己一路修改的心路历程，我既为自己的进步感到欣喜，又为自己当初肤浅的固执感到羞愧。

虽然第七稿还是没有过关，可那一次被否定之后，我的心绪不再像之前那样烦躁、焦虑，内心似乎还多了一种浅浅的期待，期待改完之后的又一次自我突破。

最主要的是，在一次又一次的修改中，我感受到了自己潜意识里正在影响着我的一些情绪。

之前，我在内心深处从来都没有真正地尊重过学术研究甚至是自己所学习的专业，但在一遍遍沉浸式地研读导师论文的过程中，我内心渐渐生发出一种深切的尊重与敬仰。

我似乎可以透过导师的每一篇论文、每一段极其缜密的理论阐述，窥探出一种极致的学术研究态度。

虽然社会上偶尔会爆出一些学术不正的风气，但真正用心做学术的人，他们身上那股气场是会令你不自觉地钦佩与尊重的。

那个周六晚上，我将修改好的第八稿论文发给导师。第二天一早，导师打电话给我，说论文修改得还是不行，并且在电话里为我一一理清存在的问题。

我是站在图书馆天台边接的电话，并且按导师的要求按下了录音键，以便于通话后反复琢磨。很糟糕的是，手机不知道为什么没有录上音。我不好意思求导师再讲一遍，但又不确定自己对一些关键要点是否真正理解了、是否需要再多加琢磨。

那天吃午饭时，我怀着紧张的心情发微信给导师，告诉他，早上的录音没有录上，有一些关键的点不确定是否真的弄明白了，希望他可以再讲一遍。晚上，导师又打电话给我，为我重新讲了一遍。记得当时图书馆刚好闭馆，宿舍里舍友都在学习、看书，为了不打扰她们，我只得把电脑、录音设备、笔记本都拿到宿舍二楼的开水房，边听导师讲话边做记录。

03

晚上九点多，成片成片的蚊子叮着我的皮肤，通话结束之后，我的小腿上都是蚊子叮出的包以及被自己抓的红印子。

接下来的一段时间，吃饭、走路、下课，我无时无刻不惦记着论文，甚至每晚睡觉之前我都要回顾思考每个部分阐述的思路逻辑。

睡眠是浅浅的，甚至可以感觉到睡梦里都是大段大段的密密麻麻的文字。

就这样，一直到最后的第十一稿，修改终于完成。

从2019年12月中旬到2020年6月中旬，整整半年的写作，十数稿的大修让我感到从未有过的疲惫，但与之相伴的，是连我自己都无法预料到的一次次蜕变。

每一次总是以为到达了自己的能力极限，但压力的一次次逼近让我不得不咬牙去寻求一次次突破的路径，去不断触碰、不断挑战自己的能力边界。

04

我想，所谓成长，其实就是一段与自己不断死磕的过程。若有人愿意在你需要帮助时指点一二，那是你莫大的幸运与福气；若没人能及时伸出援手，那你就必定要自己历经一遭其中的酸甜苦辣，方能知晓人生个中滋味。

最好的自我修炼方法，就是多看多听、多观察多自省。没有人提点的路，必须学会利用一切外界力量去充实自己，助力自己登上一级又一级台阶。这个过程注定伴随着很多艰辛、隐忍以及一次次自虐式的刻意训练。每迈出一步、每踏上一段向上的阶梯，都需要动用全身的能量，一步一步，很缓慢很缓慢，但也会感到内心的逐渐平和。

步伐虽小，假以时日，回头望，脚端之下原来已越过无数陡峭山峰，是汗水、泪水，更是身与心的一次次淬炼，才让我们有了这一次驻足俯视的机会。

你以为的辛苦，也许只是别人奋斗的常态

> 请不要抱怨生活，也不要质疑努力的意义，人活着总得相信些什么。相信美好的生活是可以通过踏踏实实地奋斗争取的，相信这个世界会对那些努力生活的人投以善意的微笑，相信未来有一天你真的能活成自己期待的模样。

01

自从将自习的座位从图书馆二楼移到三楼之后，每天早上都会遇见打扫卫生的阿姨。

前几天，她看我每天早上都来得特别早，就问我一般晚上几点回去。我说："十点钟，图书馆关门的时候。"后来接连几天，她一遇见我就对我说："哎呀，你每天晚上那么晚回去、早上这么早来，好辛苦呀。"第一次听见这句话时，我腼腆地笑了笑，不知道该说什么；之后再听到，整个人感觉有点儿尴尬。

有一天中午，我抱着一堆书进图书馆。她在三楼遇见我，就问我每天来回跑累不累。经常被别人这么问，好像真的很辛苦一样。可其实，这对于我而言只是生活的常态，我已经习惯了这种生活习惯、作息风格。

每天早起、泡在图书馆、看书阅读、做课程作业，于我是一件既充实又幸福的事。虽然，偶然会夹杂着些低落与沮丧，但更多的是对这种校园生活的热爱与珍惜。

我的每一天、每一小时、每一分钟，都由自己规划，都在自己的掌控中。那提前一晚在日程本上规划的事项，是我早起一整天生活的动力。我很安心地活在每一个当下，也为由无数个当下组成的未来做筹划。

想起一天出宿舍门遇见同班的一个同学。她问我是不是周末也这么早起去图书馆，我大大方方地回答："是的。"她说："好厉害，我真佩服你。"可是，我却不知道这有什么值得佩服的，这些不过是我自己的选择罢了。

02

清华校史馆的"学霸计划表"曾在网上被疯狂转载关注。

那些密密麻麻的日程规划、那一张张手写笔记，让无数网民为之惊叹：原来学霸都是这样炼成的。

可我想说的是，这对于计划表的主人而言，也许不过是生活中很平常的一部分。可能仅仅是因为他们喜欢以这样有条理的方式安排每天的生活、习惯用做笔记的方法去提升学习效率。这实在不是一个值得被过度放大的东西。是的，你以为的辛苦，其实很可能只是别人奋斗的常态。

03

想起我比较欣赏的美食博主李某某在接受采访时说的一句话："你眼中的生存技能，或许只是别人的生活本能。"

这个在全网有着千万粉丝的博主，可以说，在最初拍摄短视频的一段时期，独自一人撑起了一个IP品牌。

作为一名美食博主，她好像什么都会：酿酒、做沙发、织布、做衣服、建面包窑、插秧种地……她一个人活成了千百万人期待的模样。

但这无所不能的背后，是长年的艰辛与不易。

父母离异、和爷爷奶奶相依为命，睡过公园椅子，啃过两个月的馒头，不夸张地说，她曾是一个标准的农村打工妹的形象。她能一步步地走到今天，凭借的全是对生活不服输的信念。

那些在视频里表现出的大部分人口中所谓的"才能"，其实是她从小在农村生活磨炼出的基本的生存本能。她的视频制作技术，很大一部分也是在闯荡社会时学会的生存技能。

哪里有什么岁月静好，不过是为了生存而不得不掌握的谋生手段。

而正是这些磨难,让她掌握了多种多样的技能,也无形中成就了今天的她。所以,很多时候,我们觉得自己无法做到却又很羡慕的正能量生活,对于别人而言,真的只是一种生活的常态。

04

你觉得冬天早起很难,所以,你羡慕那些自觉早起运动、读书的人;

你觉得减肥好难,所以,你羡慕那些轻轻松松就能够瘦下来的人;

你觉得学习好苦,所以,你羡慕那些轻而易举就能取得好成绩的学生;

你觉得工作好累,所以,你羡慕那些精力旺盛似乎不知疲倦的工作狂……

其实,你不知道,对于那些人而言,这只是他们蜕变的一环,这只是让生活变得越来越好的最基本的起点罢了。

有些人会说,这个世界不是仅仅靠努力就可以。所以,他们时常觉得,那些鼓励别人努力生活就能改变自己的人,是在灌输不切实际的心灵鸡汤。因为这样的思想观念,他们抱怨生活艰难,抱怨世界不公,抱怨资源不平等。可实际上呢?他们自己所付出的努力根本就没有达到能够和别人拼天赋的程度。

要知道，有些人比你聪明、比你有才、比你家境好，还在拼命努力，你又有什么资格整天嚷嚷着努力无用。

请不要抱怨生活，也不要质疑努力的意义，人活着总得相信些什么。相信美好的生活是可以通过踏踏实实地奋斗争取的，相信这个世界会对那些努力生活的人投以善意的微笑，相信未来有一天你真的能活成自己期待的模样。

我们得承认，这个世界上有些事也许真的不是努力就可以的；但更为重要的是，不努力、不踮起脚尖拼命争取一下，就什么都得不到。

人生从来就没有百分之百确定的事，或者很大程度上，整个生命过程就是一场未知的迷局。而我们要做的，就是努力做好自己能做的，敢于挑战自己，不给自己的人生设限，让生命在有限的光阴里活出雅致的姿态。

未被原生家庭偏爱,那就多一些锋利的棱角

> 未被原生家庭偏爱的人呀,内里就要多一些锋利的棱角,爱己御人。

01

这么多年,头脑中始终有一段记忆。

和我从小相伴长大的闺蜜高中刚毕业就到她父母所在的一个四线小城打工,做餐饮业里的服务员、服装业里的销售员。

她刚开始工作的那一年过春节回家,给我带了一件嫩粉色的超短款棉袄。袖口、领口、腰部都嵌有一层淡淡的蕾丝。

衣服大概是那时在小镇上学的我见过最新颖的款式。很遗憾的是,衣服的尺寸并不太对。为了能够套上那件衣服,有一年我还特地减了肥。

2015年,上了一年大学的我假期去她打工的城市看她。那一天是某月的十五号。之所以记得这么清楚,是因为那天晚上我和她一起回家时,她骑车载我到半路停下来对我说,那天是发工资的日子,要

去银行取一笔钱——固定每月给她爸妈的生活费。

那时我才知道,她刚开始工作的那两三年里,月工资只有两千多,她每个月只留三四百块做零花钱,剩下的全部上缴给爸妈。之后,她的工资慢慢上涨到近三千元,每个月发工资的日子要上缴给父母一半的工资,美其名曰"吃住都是父母包的"。但在很久之后,闺蜜和我算过一笔账:自己一日三餐基本上都是在外面吃,只有晚上回家住一住那个窄小的卧室,一个月下来基本用不了家里几个钱。我知道她话里的意思,但在那样涉世未深的年纪,我还是没能太感同身受她话里的深意。

02

四五年过去了,这四五年间,因为家庭的缘故,我也在某种程度上走过一段与她相似的路程。

自专科毕业之后,家里人对我的态度发生了翻天覆地的变化。这种变化快得甚至让人猝不及防。我不再是家中备受宠爱的那个孩子,相反,与父母之间的交流再也离不开"金钱"二字。

我可能没有电视剧《欢乐颂》里樊胜美一样的家庭,但可以很肯定地说,我有一个似乎比她更可怕的母系家族——我妈妈那一血脉相连的大家庭。

连同我妈妈在内,我外婆一共有四个女儿、一个儿子。每年大年初二,五个儿女便带着他们的小家庭来给外公外婆拜年。

在我19岁之前，我眼中的这个大家庭一直是可爱的、热闹的，是我无法割舍下的一份亲情，一直到那一年的春节，那个原本该举家欢庆的初二。晚上，我们一大家子人聚在饭店里吃团圆饭。席间，姨娘们七转八转地兜到我上学的话题上——大多是一些持续了四五年的、曾经只会背着我说的老话题：

"女孩子读个专科就够了，上什么本科？听说你还要读研？！"

"这几年家里供你上大学花了多少冤枉钱？"

"你读书把钱用光了，你弟弟怎么办？"

"你读完专科就不要再继续读了，早点出去打工、每个月替你爸妈多挣些钱多好。你还有你弟弟呢！买房、买车哪一样不要钱！"这一段话，是2016年的那年暑假，我外公当着我舅妈的面对我苦口婆心的说教。

很"不幸"，我没有成为他们眼中按照他们的规划一路往前走的"孝女"。随之而来的，是背后数不清的责骂与白眼。

也许，他们认为自己代表俗世"正义""孝道"的一方，而我离经叛道了这么多年，是时候需要他们出面指点指点我了。

于是，就有了那场在大年初二的晚上饭桌上的那场争吵。而我，作为一个隐忍了他们五年的冷言冷语并为此吃了太多苦头的当事人，自然不甘示弱。

一句怒气冲冲的"你一没出钱、二没出力，有什么资格干涉我的家庭！"彻底惹怒了在场的长辈们。

二姨、三姨、大舅妈，你一言，我一语，开始对我集中"轰炸"。其中，属二姨吵得最大声。

我记得六年前，那时我和二姨的关系还算融洽。当时我和我妈说我想考驾照，二姨打电话给我说："你一个女孩子考什么驾照，不会以后到了婆家再学吗？"因为她的这句话，那年暑假我留在苏州打了两个月零工，赚足了学车考驾照的费用。

这一次在饭桌上，听着二姨的大声数落，我也不甘示弱："您有什么资格说我？您看看您女儿，结婚之后过得好吗？你不多为你女儿操操心，怎么反倒管起我来了？"

外公听了这话，怒气冲冲地问我："你刚刚说什么呢？！"

说实话，我当时有被吓到，但我还是不示弱地抗议着我这几年所受的委屈。

跟我同去的男朋友见不得我受委屈，对着外公一顿说理。外公与他发生争执，要打他。我见状赶紧拉着男友上车，催促他发动油门离开这是非之地。车窗外，仍然是种种责骂声。

一路上，老妈同时向我和男友发来无数个怒气冲天的语音消息。

初二晚上九点多，窗外万家灯火，新年炮声起起伏伏，那一刻，我只觉得我以后都没有家了。

到家收拾行李连夜离家，我一点儿都不想再这样无谓地争执下去。

爸妈紧跟着打车回来，碰见收拾行李的我。妈妈拉扯着我一顿训斥，骂我不懂事。爸爸对着我一句句吼道："走了就永远不要再回来了。"只有患有糖尿病、多年来被街坊邻居当作头脑糊涂的爷爷带着哭腔让爸妈不要再说了。

我逃也似的奔出了家门。

看见瘦骨嶙峋的爷爷走过来,我摇下车窗,对他说:"爷爷,我走了,你照顾好自己。"爷爷说:"大朋啊,暑假回来看看爷爷。"我没有回答,摇上车窗,泣不成声。

"我不知道有没有机会了。"这句话,我说不出口。

原以为事情就这样结束了。

没想到,不多时,舅舅又打来电话对我一顿说教。连续挂了他的两个电话之后,他给我和男友各发来两段同样的语音消息。

我点开语音消息,在听见声音的那个瞬间立刻关掉了。你可能想不到,这两段语音骂的不再是我,而是我身边的男友。我想,他大概骂出了他自认为最难听的话。而这一骂,彻底骂掉了我对他所有的敬意。

03

古今中外的文学作品、现代传统的教育、世俗的道德礼法,似乎都在一味地歌颂亲情的无私。也正因如此,在此前的很长一段日子里,我常常活在纠结与自责中。

直到有一天,我看到鲁迅文章中写的一段话:"需改变父母对子女的态度,以生物天性之爱代替交换关系、利害关系导致的'恩'",至此,我才逐渐释怀内心的纠结。

有时候想想,这种状况真的挺悲哀的。

未被原生家庭偏爱的人呀,内里就要多一些锋利的棱角,爱己御人。

"不要为做人去做事,要为自己的理想去做,这不是自私,而是勇气。"这句话用在这里,应该也是合适的。

别用低效的勤奋去掩饰思想上的懒惰

> 那些发自内心想要改变自己的人，真的从来不会允许自己陷入自我感动的旋涡中。因为自我感动比起从来不努力，代价更大，也更可悲。他们是在用低效率的勤奋去掩盖思想上的懒惰。

01

早上6：15不到，学校的图书馆门口就已经排起了长长的队伍，等待值班大叔开门。很多学生都在争分夺秒地低头看手上的学习资料、听考点语音，唯独两个女生在聊前一天晚上看了哪部动漫、争论动漫里哪个人物比较帅气。由于她们聊天声音过大，旁边一个男生实在听不下去了，打断道："你们千万不要陷入自我感动的旋涡。比如吧，倒是不睡懒觉，早早就站在图书馆门口排队等开门，结果全程都在聊天。"

两个女生瞬间沉默了。

那些发自内心想要改变自己的人，真的从来不会允许自己陷入自我感动的旋涡中。因为自我感动比起从来不努力，代价更大，也更可悲。他们是在用低效率的勤奋去掩盖思想上的懒惰。

无论做什么，都要有输入，有输出，有反馈，见效果，善总结，勤思考。

02

导师的大课一周上一次。每周上课前，导师都会提前安排学生看书，到上课的时候，再安排每个人做十分钟的分享发言。

有一次，三位同学分享结束，导师说："你们要珍惜每一次在学校发言表现的机会。以前我上大学时，都会抓住一切机会。"

导师接着分享了自己教学备课的经验。虽然每周只有两节课，可他一周几乎每天都会备课、更新自己的教案。他说，前期准备越充足，教课效果才会越好。在备课的过程中，他要思考如何结合自己的理解将难懂的知识口语化、深入浅出地表达。

"当你前期好好准备，在课上讲解的过程中，可能有些知识就忽然间领悟了。这些做完之后，课后要学会总结反思，而不是像完成了任务一样，觉得这样就可以了。"

导师之所以这样说，是因为三位同学在做分享时虽然都有提前准备资料，可他们却只是对着一沓稿件低头读，忽视了与同学之间的互动。

你说这些同学做事敷衍？并没有。他们手上拿着的每一张A4纸都写着满满的文字，勾勾画画，一看就是反复修改过的。但是，为什么分享效果不佳？归根结底，他们仍然耽于被动式的努力与学习。他们是为了完成课前分享这项任务而学习，因此在潜意识里，如何讲解得更直白、如何和现场听众做互动、如何加深自己对文本的进一步思考……这些就被忽略掉了，最后的结果就是事倍功半。

03

在这个竞争压力越来越严峻的社会形势下，想要闯出属于自己的一片天地，有时候真的不是仅仅靠努力就可以的。凡事多想一步，不仅要知道自己应该做什么，还要思考怎样用同样的付出换取双倍甚至多倍的反馈。

比如，做十分钟的读书分享。

前期：你需要立足文本做全面阅读，之后查找资料，深入思考相关知识点，形成自己的观点，并用自己的话浅显地讲出来。同时，还要考虑在讲解的过程中，哪一部分是比较难懂的、是大家在阅读的过程中容易产生困惑的。那这部分就要重点讲解，做到讲稿主次分明。

中期：分享的时候，一定要有意识地控制时间，这离不开前期准备阶段的自我训练。要注意观察讲台下同学的表情，适当互动，而不只是自己闷头读稿。

后期：分享结束之后，要认真听老师的反馈，回顾自己的分享情况，观察其他分享者的表现。

三者结合，将自己的不足及可以再改善的地方记下来，运用到下一次实践当中。只有这样，你的努力、你的付出才会得到高效率的回报。

04

我有个学妹特别喜欢和导师相处。

她说，感觉每一次和导师相处，无论是上课还是私下聊天，都会收获很多自己欠缺的东西。

一开始她也不知道和导师聊什么。后来，每天看书时，她都会有意识地把与专业相关的问题记下来，随时准备哪一天在路上遇到导师都可以有话题聊。

有时上午12：10下课之后，下楼梯的时候，她会赶上导师的步伐，对他说："我们一起走吧。"这时，导师会很爽快地说："那我们一起吃饭。"

吃午饭时，她把前一天导师发在群里的一篇论文拿出来聊，并向导师请教相关的问题，最后再辐射到最近的阅读学习中，希望可以从导师那里得到一些新的启发。一顿午饭之后，不但不用再像以前一样尬聊，还觉得聊得特别开心。

可是，要知道，这些都是她每天有意识地看书、学习、思考的结果，她时刻为每一次不期而来的机会做着准备。所以，无论做什么事，学习也好，工作也罢，千万不要活在自我感动的怪圈里，你的每一分努力都一定要期许得到正向回报。

这里，分享于宙说过的一段话：

"这些年我一直提醒自己一件事情，千万不要自己感动自己。大部分人看似的努力不过是愚蠢导致的。什么熬夜看书到天亮、连续几天只睡几小时、多久没放假了，如果这些东西也值得夸耀，那么工厂流水线上任何一个人都比你努力多了。人难免天生有自怜的情绪，唯有时刻保持清醒，才能看清真正的价值在哪里。"

以上，共勉。

变好的从来不是生活，而是自己

> *很少有人活得极其不幸，也很少有人活得极其幸运，而那些所谓的感觉到的变好的日子，一定不是生活本身变了，而是自己在不知不觉间发生着某些积极的转变。*

01

重温1993年上映的电影《土拨鼠之日》，这是一部比我出生还早的影片。时隔两年再看，依旧有那种发自心底的触动。

主角菲尔是一名气象预报员，每天除了在摄影机前幽默风趣地为观众报道天气预报外，每年的2月2日还须前往普苏塔尼这座小城镇播报本地一年一度的土拨鼠节。据说，它能够预示早春的来临。这是主角表面看似稳定的生活。事实上，他早已厌倦了这种年复一年的单调日子。

在例行公事地应付着报道了土拨鼠节的盛况后，在回程途中，菲尔与同伴被一场突如其来的暴风雪困在了普苏塔尼。第2天醒来后，菲尔意外地发现时间仍然停留在暴风雪日前一天，也就是土拨鼠日——昨日的一切重新上演。从此，菲尔的人生被定格在了"2月2日"，无论他如何选择度过这一天，他都始终无法再前进一步，他开始了他重复的人生。

如果你的生活永远定格在某一天，会遇到相同的人，他们会对你说同样的话、重复做同样的事，你会怎样度过这相似且漫长的余生？

主角菲尔的一天是这样的：

每天清晨6∶00被气象预报叫醒，在洗漱完出门时，会在房门口遇见旅馆的值班人员。

他会对菲尔说："早安，你会去看土拨鼠吗？""今年会是早春吗？"

下楼来到餐厅，会有一名蓝太太一如既往地问他："睡得好吗，康纳先生？""想喝咖啡吗？今天早上……"

当他去往土拨鼠报道地点时，会在街角遇见讨钱的乞丐和自称是他高中同学的保险经纪人……就好像提前设定好了的程序编码一样，菲尔是这密密麻麻的定数中唯一的变量。而作为一部电影中的主角，他肯定不会让观众失望，或者说真的日复一日地重复已知的生活，一直到碌碌无为地结束一生。至于如何让这样的一个变量活出大众未知且充满期待的阅历，可能是我认为这部电影最"接地气"的地方。

菲尔并没有成为看似遥不可及的大人物，而是在经历过多次重复绝望的尝试后被某位在他心目中占据恒久地位的人所点醒，成了一名让人感到可爱又可敬的普通人。在被点醒的那一刻，虽然往后的每一天都是日历上的2月2日，依旧会遇见相同的人与事，但他却活出了唯一变量的精彩——学弹钢琴、学雕冰、阅读法国文学，运用自己的"预测力"帮助遇险的人。而这也让他成为这个小镇上看似陌生又最受欢迎的人。他也因自身修炼的气质房获了心上人丽塔的芳心。因此，这部电影又有另外的一个译名——《偷天情缘》。

02

在整部片中，男主角大致经历过"索取—空虚—绝望—帮助—意义"这一系列起起伏伏的心路挣扎。

一开始，他利用"超能力"搭讪小镇上几乎所有的女人，到后来无所念想的空虚绝望，再到醒悟后的自我救赎，直到活出真正有意义的人生。细细想来，这些简单名词所概括的人生阶段像不像镜头之外普通人的一生？很少有人活得极其不幸，也很少有人活得极其幸运，而那些所谓的感觉到的变好的日子，一定不是生活本身变了，而是自己在不知不觉间发生着某些积极的转变。

"选择认真地过好每一天，而不只是简单地重复。选择不同，结果就会朝不同的方向发展，而那些看似普通的日子积累下来就会发生质的变化。"这是电影评论区里的一段留言，也是一段令我很受触动的话。

重温电影之前，我常常会有一种错觉，好像在看惯了媒体时代似乎遍地"年少有为"的幻象之后，会不自觉地淡化传统观念中值得去坚信的某种东西——缓慢努力，一点点栽种，再静静等待开花结果这种自然万物般的四季生态过程。我觉得这是电影里另一个打动我的设定。

一个普通得不能再普通的主角；一天一天看似漫长而无所进展的24小时，主角没有网络小说里的主角那样的潜在天赋，也没有得到什么江湖独门秘籍，他的蜕变不过是一日日点滴的修炼。

这多像大千世界里相似又不同的我们——普通、挣扎、平凡。

03

网上曾经发起过一个讨论：你会用什么词来形容现在20~30岁的年轻人。

其中排名第一的代表性词是"焦虑"：择业焦虑、上班焦虑、财务焦虑、怕把事情搞砸的焦虑、一事无成的焦虑、自我怀疑的焦虑。好像唯一不焦虑的只有"焦虑"本身。

被调查当代年轻人为什么焦虑时，有一个再现实不过的回答："互联网加重了我们的欲望，羡慕别人转瞬即可拥有的豪车、豪宅、完美人生，错误的价值观使我们一直想追寻这些别人标榜的世俗的成功，而没有内心坚定的追求。"

想想，在城市中奔波的你有没有经历过这样一种状态：

一觉醒来被手机推送——"'00后'小鲜肉，靠直播轻松赚足100万"，你正在被时代抛弃；下班路上刷到标题文——"经济寒冬下，大批企业裁掉50%的员工"；周末和朋友聚会——发现总会有一小撮人已辞职，兴致勃勃地准备创业。

再看看自己——或者正在面临择业压力，或者毕业好几年依旧在一个岗位上挣扎，没挣到什么可安身立命的钱，也没有可供自己无后顾之忧的硬核跳槽技能，更别说在大城市买房、结婚；又或者你回到故乡生活，却发现内心始终无法放下对更大世界的留恋。

好不容易升了职，加了薪，月入过万，但转眼间网上太多的言论告诉你，这世上还有很多很多比你厉害的同辈人——你仍然是那么微不足道。

有时候，人生的信念就是会在那么一瞬间轰然倒塌。

04

我身边有不少毕业之后义无反顾地投入创业潮流中的年轻人。

他们可能没有太光鲜亮丽的学历，也没有太值得称耀的家世，甚至也没有足够为人称道的才华，可他们真实且励志得让人踏实。

我有个朋友是做市场活动策划的，在家里排行老大，还有一个弟弟。因为家在农村，家境也不是很好，上大学时，在别的同学一边上课一边忙着享受校园生活时，他已早早地忙着兼职挣钱。

从本校简单的策划小活动开始做起，再到接下附近周边学校的节庆活动，一直到有校外稳定的客户来源，这一干就是两年多。快毕业时，靠着平时策划活动攒下的钱，在别的学生为毕业找工作而焦心时，他已经攒下了毕业后独自创业的资本。

不巧的是，他的事业刚刚起步，家里的老父亲却在此时生了一场大病，花光了他全部的积蓄，所幸，父亲的病情慢慢好转了。

从老家回到大城市后，他开始一个人折腾着东山再起。他在大学城附近的一个广场租了一处60多平方米的办公室，给每个员工工位上配置了一台二手电脑，十多个工位上坐满了员工。按理说，他的事业又将步入正轨。谁承想，新冠肺炎疫情的到来导致很多第三方对接活动无法进行，公司也无以为继。他关了刚刚起步的公司，暂时找了一份工作养活自己。

所在城市的疫情状况稍稍好一点之后，他又干起了老本行，将周边几个城市大型商场的业务接到手不少。过了半年，他用辛苦赚来的积蓄买了一辆不错的车。可春节过后，所在城市的疫情再次突发，又一次折断了他的生意路。

有时候在想，类似他这样的创业者在世人眼中是一种怎样的存在？闯荡几载，到头来一无所有，甚至在别人眼中不过是买不起房、车，谈不了女朋友的无能之辈，但深究原因我们又知道事实不是这样的。

和一位学习机械设计的男生聊天，我问他："如果以后坚持在这条专业路上深造，需要再经历怎样的历练？"

他说："想要在这条路上达到精通的水平，起码要在焊接、加工、打样儿等方面跟着老师傅在工厂各学习好几年，累计下来就是十几年。"很少有年轻人会这样做，一是耐力不够——工厂工作环境的恶劣使得很少有年轻人能够吃得了这些苦；二是就业环境的艰难——即使有人坚持下来，熬到了个人职业黄金期，可能到时市场的就业导向也已发生了调整。这对于坚持了十几年的年轻人，特别是需要成家立业或者家境并不富裕的人而言，是赌不起的。更不用说，在这一路，还需要面临买房、买车、结婚生子等种种人生大事。

以上是影片之外的现实生活，是电影《土拨鼠之日》的主角未曾经历的时代压力，但其中相似的是：我们人生的某个阶段对现实生活、对自我追求、对理想目标的无能为力与重度焦虑，是无法避免的。

作为一位还不够成熟的年轻人，我无法对自己所处时代的生存顽疾做出什么哲理式的命题方案，也不想强行硬塞某种心灵鸡汤。我只知道，在最后，菲尔在N次为土拨鼠节做报道后，终于说出了那段打动普苏塔尼所有居民的话：

"当契诃夫看到漫长的冬天，他看刺骨黑暗的冬天还有希望逝去，然而我们知道，冬天只是生命周期的另一个起点。站在普苏塔尼人之间，靠他们的壁炉和热情取暖，漫长而光亮的冬天，也成了最好的时光。"

电影是被框定的艺术，也是再生动不过的生活，那些相似而不相同的。

谈谈关于"学习方法"这个话题

> 学习方法再卓越、再高效,都需要以一定的时间为载体。没有足够的可丈量、可实践的时间基底,一切到最后都会变成徒劳无功的存在。

01

经常有人问我所谓的"学习方法",及他们自身存在的一些疑虑:

"为什么我学习这么努力,到最后取得的成绩仍然不理想?"

"我一直在很努力地学习,可为什么他轻轻松松地学就能超过我?"

"我的成绩总是得不到提高,到底是哪儿出了问题?"

这些问题,透露出的其实不仅仅是学习方法这个单一的问题,更可能是一种认知思维上的缺失。

在某种程度上,这部分人背后的焦虑、迷茫与无奈,我真的可以感同身受。

记得几年前,每次课堂结束后,我总会问任课老师这样的问题:"老师,有没有这样的书——我只要阅读那指定的几本书,就可以大概掌握文学史上繁多的文学作品的写作规律?"这个问题,我不只问过一位老师。

当时问出这个问题的原因,是因为我希望追溯众多文学作品的根底,想掌握最底层的写作规律,以达到事半功倍的学习效果。

可一直到现在,我都没有找到这样的书。然而,我在思索的过程中却开始领悟到一些很好用的学习方法。

02

首先,说说如何系统地学习一门学科,或者说如何真正地进入某一个领域。

最基础的,当你进入一个新的学科领域,你应该了解关于这门学科的基本原理。

比如,作为一名摄影初学者,你应该了解构图、光线、色彩、光圈、快门、感光度、白平衡、高光、阴影、曲线、饱和度、自然饱和度这些前期及后期修图的基本常识,了解它们的具体含义、使用法则、适用情形。

再比如,在我刚开始自学文艺学课程时,就需要先学习关于这门学科最普遍的文学理论常识。

其次,在熟练掌握基本理论的基础上,学习深化基础的运用。

还是以上面的摄影为例，在知道什么叫"构图"之后，你需要知道九宫格构图、三角构图、对角线构图、平行构图、交叉构图等经典的构图法则。在理解"光线"的含义之后，你需要继续探究在不同的天气时辰——晴天、雨天、阴天、室内、室外、早晨、中午、黄昏等不同时间点的光线对摄影效果的影响以及如何更优地运用它们。在了解过基本的色彩知识后，你还需要知道如何在前期构图搭配与后期调色上运用它们，以形成自己的摄影风格。

03

在这里，你可以借助两种途径来进行进一步的提升：

第一，多阅读相关的书籍。

主要分为两类：一类是工具类的，从实用角度讲解如何提升你的专业能力；一类是理论类的，巩固、深化、提高你对这门学科的认知。

作为一个常年泡在图书馆的人，我越来越有一种强烈的感受：我们现代人是生活在一个多么便捷且知识丰裕的时代啊。无论你是在互联网上知识付费，还是借助他人实践指导，很多知识的运用与习得都变得那么便捷，而我们仅仅需要的就是沉下心来，去阅读、去领悟、去运用，做一个心安理得的"拿来主义者"。

第二，自觉地去打通各个知识点之间的连接。

一门学科就像一棵参天古树，盘根错节、纵横交织。作为初学者，我们先前掌握的基础不过是这棵古树上的一节纤弱的枝丫，是零星的、分散的、破碎的。

所以，我们最需要做的，就是有意识地将自己已掌握的知识串联起来，形成一张紧密的、夯实的思维导图。

如果这一步你不知道怎么做，你可以先从入门的书籍着手。问问自己，关于这个学科，迄今为止你阅读了哪些书目，掌握了哪些知识点，又是否已将这些知识点全部烂熟于心。

之后，从你的认知视角出发，去把读过的入门书串联起来，让它们再形成一张更大的、更宽的、更广阔的思维脉络图，以至于到一定程度，你的思考应该是图像式的，你的记忆库里应该是随时可以调取某个知识点的多层节点图像库。

04

当你做到前面两点之后，最后一点，是要构建属于自己的思维认知方式。

在这里，不妨以本科生、硕士生和博士生来举例。

比如我本科所学的是汉语言文学。在本科，我学习的大都属于前面所讲的第一点范畴，学习文学史、文学作品、文学名家等基本常识，辅助以文学鉴赏。这个阶段，主要以吸收课本知识为主。

到硕士生阶段，汉语言文学下面会有很多的科目分支：古典文学、文字学、文艺学、现当代文学、外国文学、比较文学等。每一个分支形成一门研究学科。

在这个层次，需要的就是对作品深层次的理论学习，学习古今中外、东西方传为经典的文学理论，这是一些相对抽象的理论知识。这个过程不仅是要我们立足于对书目的学习，更是要学会这些理论背后所依仗或者说这个理论能够成立的逻辑思维，带着批判性的眼光去思考其可成立性，再将其运用到其他的文学作品或者文艺现象的批评鉴赏上。

到了博士生阶段，不仅需要有批判性的眼光，还需对某些理论进行质疑、推翻以及重建。

因此，进行到第三步，就是要对你的学科有属于自我的独特的认知与思考，并且能够深入进去。

05

当然，这三个过程不仅仅是依序而为，有时候也是重叠、交织、同步展开的。其中，你对一门科目、一个知识点的思考深度，来源于两个方面的推进：一是刻意实践的次数，二是在学科内你所掌握的知识面的宽幅与厚度。

关于这一点，我们以考研举例。

拿文科生来说，我经常建议一些考研的学生除了牢固掌握基本知识、学习打通知识之间的脉络外，还可以阅读网上在这个领域、这个学科或者你所报考的院校导师的论文，从中学习前辈是如何运用基础知识、如何链接拓展其他更深层的知识的。

通过这样一种方式让自己获得更广阔的视野，再回过头去看基本知识你会有更深的体会。

以上，就是我个人关于学习方法的思考。总结起来就是三点：第一，对基础知识的掌握；第二，融贯连通的能力；第三，认知思维的构建。

不过，除此之外还离不开最重要的一点：时间。

学习方法再卓越、再高效，都需要以一定的时间为载体。没有足够的可丈量、可实践的时间基底，一切到最后都会变成徒劳无功的存在。

06

偶尔看见自己前不久在日记里写的关于现代传统教育的一段想法，也是这个最简单且最纯粹不过的念头，支撑着我走过了考研的那段时光：

"我不是一个'唯学历'者，我更看重的，是学历背后所代表的某种被忽视甚至已经被无数主流媒体所遮掩的东西。

"是一代又一代的传统教育根基里所蕴含的对知识、对真理、对某种形而上的人文价值观的求索。

"是一代又一代的学术前辈开创并延续下来的严谨且缜密的思维训练体系。

"是一代代圣贤哲人皓首书海、于笔尖锲而不舍地对思想能够延续的某种执着与信仰。

"曾几何时,他们也知道,思想是不能简单地依靠印刷文字来传承的,但是他们依旧对其葆有一种无可奈何的、存在主义式的期待。

"是这些,吸引了我。"

04

第四章
和喜欢的一切在一起，
　　和年纪没关系

二十几岁的迷茫，时间会给你答案

> 我深知自己选择继续求学这条路，追求的是什么。这两三年，我不怕暂时的物质上的匮乏与贫穷，只怕精神上的贫瘠与无知。

01

记忆中，第一次意识到现实的无奈，是在专科大二那年。

在放寒假之前，我和明喆约好暑假两个人一起在苏州工作。我们提前半个月在学校附近找房子，结果却发现四周的房子租金对我们两个而言太贵了。除去房租，接近房租一半的中介费也令我们倍感压力。

记得有一次明喆看到我们学校附近有一则公寓出租的信息，于是，我们联系了房东。房东对我们说，那套房朝阳，采光好，而且目前租住的其余两户暑假也都会搬走，比较宽敞。

结果等我们去看房子才发现，那套房子在那幢楼的最顶层，并且没有电梯。我们走进房间，只看到满地堆积的垃圾、衣服、棉被；厨房里，灶台和窗台上也遍布着尘土与污垢。我推开露天阳台的门，门后简直就是一个小型垃圾场，易拉罐瓶、破衣服、塑料袋等各式各样的废品堆成了一座山。

我想象中的小客厅、小沙发、窗明几净的玻璃窗、纤尘不染的厨房灶具，在那小丘般的垃圾堆面前彻底破灭了。

那天晚上回到学校，我一个人围着操场跑了连自己都数不清的圈数，一直到汗流浃背、两腿微微发抖。

02

交完学车的费用，正式学车的第一天，我告诉教练，希望越早学会、越早拿到驾照越好。

教练问我每天最早能几点起床到驾校练习。我说我每天早上五点就可以起来，于是，教练让我每天早上六点半在学校门口等他。

那时，我刚开始准备研究生考试。每天五点起床，洗漱完之后我就收拾书包先去图书馆或自习室背半个小时的英语书，之后六点半到学校门口等教练接我去驾校。

那半个月，每天早上，教练都会特意开车到学校接我，而我内心也对他充满着无法表达的感激，我只能每天坚持为他带一杯食堂的热豆浆以示感谢。

因为教练的格外照顾，我能够一天一个人一辆车练习五六个小时，每一个科目、每一个动作我都要求自己做上百遍，一直到将每一个动作都内化为肢体的下意识动作。

不到一个月的时间，我通过了驾校的全部考试，拿到了驾照。我为什么这么急？因为我深知，还有更重要的事情等着我去做，我只有最多一个月的时间练车。接下来的一年，我还需要学习好本科课程，还需要一边准备研究生考试，一边兼职赚研究生备考期间的生活费。

往往一个人在最艰难的时候，他各方面的耐力也是最强大的。

那一年，我很少有时间去迷茫，很少有时间去怨天怨地，我满脑子都是学好专业课、多赚生活费、提高研究生备考效率。

03

自从开始赚钱养活自己之后，我每个月的生活费都计划着花。

有一个学期，我的生活费有两部分来源：一部分是暑假一对一的家教费用；一部分是学校每个月的补助金、奖学金。所以那个学期的我在学校没有做任何兼职，也没有任何做兼职的计划，正因为如此，我可以清晰地预估我未来一年的收支状况。

还有一个学期，我的生活就是上课、阅读、写作。我也知道，和我一样的研一学生，有的已经开始在外面兼职打工了，可我始终坚持自己读研的初衷，将除平时上课之外的几乎大部分时间用来阅读、写作。

作为一个女生，我将自己的物欲降到最低：

一个人在学校从来不去逛超市，也很少买零食，一日三餐几乎都在学校食堂吃。偶尔出去吃的几次机会，都是师门聚餐、导师请客。

一年春夏秋冬，每个季节我最多逛两次街，只买一到两件换季的衣服。

至于化妆品、护肤品、身体乳这些女孩子必备的玩意儿，我都是一直用到瓶子见底才会购买新的。

但这些对于我而言，已经足够了。在我的观念里，以后赚钱的机会有的是，可能够静下心来系统地念书的时间，也就眼下这两三年。

我深知自己选择继续求学这条路，追求的是什么。这两三年，我不怕暂时的物质上的匮乏与贫穷，只怕精神上的贫瘠与无知。

04

24岁那年的我，常常掰着手指头过日子，一天又一天，一年又一年。

有时候，我也不知道自己选择的路、自己每个时期的想法是错还是对，或者是否还有更优的选择。

回想自己20岁到24岁那段旅程，我经历过很多抉择，在那期间有迷茫、有自卑、有绝望。可站在这个时期，回头看当初的自己，中间有磕磕绊绊，但到最后，我终究走到了自己心目中较为期待的一步。

很多时候，当我们不知道人生每一个阶段应该怎么走、怎么选择时，都期盼出现一位"人生导师"，能够指导自己准确地做出每一次抉择。

可事实是，面对每一个十字路口，到最后能够指导我们的，只有自己。

20岁出头的迷茫，真的不算什么，每个人都注定从这条路、从这个阶段走过来。

有时候，我会换个角度去看待这种状态：迷茫说明自己在试图突破现在的状态，试图去让生活有新的改观。

我深信，只要一直在思考、一直在付诸实践、一直在反思，剩下的，时间会给出答案。

25 岁，不再期待成为谁的谁

> 不再期待成为谁的谁，也不再过度讨好谁，更不愿为了谁而改变自己。接纳自己的不完美，默许自己的任性与孩子气，一点点耕耘、培育、建筑属于自己的方寸之地。

01

点蜡烛、许心愿、吹蜡烛、分蛋糕，这好像就是我25岁生日这一天做得最恰如其分的一件事。

细细想来，开始赞许不知道是谁发明的"生日"。它赋予每个人每年出生的那一天独特的仪式感，吃生日蛋糕、许下一年的生日愿望、默许增长一岁的时间刻度、等待下一年的相同的日子。

聊聊25岁，这是20岁与30岁之间的中间地带，除了对年龄变化的认知，除了这一年特别留意到的眼角出现的鱼尾纹，心理上的变化也开始以某种渐变的方式影响着一年又一年的生活。

想起不久前和老师、同学聚餐，一位25岁的男同学在酒意阑珊之时，在饭桌上倾诉："以前觉得关于感情好像没有什么可害怕的，但发现一到25岁，怕的东西就开始变多了。"

他问已过半百的老师如何看待年龄，得到的回答是："三十而立，四十不惑，五十知天命，六十耳顺。"

老师说，当他二十多岁时，也像我们一样，焦虑、担忧，不知道自己该做什么；到了30岁，就开始明白自己要做些什么；再到40岁，慢慢做一些力所能及的事情；到了50岁，心态比二十多岁时好了很多，会顺其自然地做一些事情，不再像年轻时那样总有种患得患失的感觉。

02

其实，过往每年生日我都没有什么特别的感觉，类似某种年龄上的焦虑感也从来不会随着年龄的增长而至。

但不得不承认，25岁这一年，我已然开始有些胆怯自己的年龄，仿佛它就是一纸具有法律、道德双重约束效应的文书，无形中暗示并框定着人们应该做些什么、不应做些什么。

25岁的我，其实挺害怕陷入这样的状态的，但仔细想想，不知道是不是因为一直求学，以及刻在骨子里的执拗，让我在大众媒体营造的焦灼的年龄场域中还不曾感到自己被外在的东西约束住些什么。

一直在想，用怎样的一句话来给25岁这一年的自己做一个还算贴切的总结——心理上的、精神上的以及某种说不出的生活情愫。

"期许活在自己的世界里。"我想,用这样一句话来形容这一年的自己是再合适不过的。

03

以前一直害怕自己总是活在自己的世界里,像一个井底之蛙一般,只看见自己视野中的些许天地,却永远见不了更广阔的世界。

因为这种心理,一度总觉得自己无论做什么,与别人相比都是很浅薄的一种存在。越是这样想,越容易像一个溺水的人,极度渴望挣脱这种自我暗示的状态,结果反而越陷越深。

那种自卑、怯懦,表面上好像看不出来;但只有自己知道,表面上看似正常的自己,其实内在的能量在一天天地被自我蚕食。

已经想不起来,是从什么时候开始,这种情绪开始逐渐消散,以至于到现在,尤其在这一年,我开始坚定地、深信不疑地希望能活在自我构筑的世界里。不再期待成为谁的谁,也不再过度讨好谁,更不愿为了谁而改变自己。接纳自己的不完美,默许自己的任性与孩子气,一点点耕耘、培育、建筑属于自己的方寸之地。

有志趣相投的朋友、可以相守的伴侣,由汗水、勤勉、信念所构筑的理想生活,以及随着年龄的增长,愿意在年复一年的阅历中去探索、延伸、拓展方寸之地以外更大的边界,但永远也不放弃在大千世界中所应该保持的边界感。

04

脑海里记忆犹新的一个电影场面，是《海上钢琴师》中的男主角想要结束二十几年的海上生活，到更广阔的陆地去。但在从甲板上下来的那几分钟，他放弃了这样的想法。

他说："连绵不绝的城市，什么都有，除了尽头，没有尽头。我看不见城市的尽头，我需要看见城市的尽头。"

于他而言，自己的世界就是从船头到船尾，是可掌控的；一直弹奏的钢琴，也是由88个键组成的，他可以在这有限的音符里奏出无限美妙的音乐。

现在再想想，其实他说的就是实实在在的生活。

这个世界的诱惑很多，数以千计的工作、数以亿计的男男女女、数以万种以上的生活。因为没有止境，或者说，因为不可计数，生活在这个世界的人们在作为单一的个体时，总期待遇见下一个，下一个。

"下一个"不仅仅是"下一个"，而是代表更好、更优。

这样对无限的追逐，使一些人失去了去沉思、去补救、去解决自我问题的能力，而不断沉湎于无限未知的下一个。工作如此、感情如此、人际如此。

于是，很多人企望于一个又一个不用收拾残局的新的开始。在这种过度快餐式的生活节奏中，"播种、培育、等待、收获"这样一个如四季播种般规律循环的生态系统被破坏、颠覆、解构。

不再相信什么，就很难再坚守些什么，甚至很难再去认认真真地承诺些什么。

25岁这一年的我，开始一点点解构曾经不假思索或者难得思索所接受、默许的一些价值观；不准备做某种无谓的质疑，而是批判地去看待、审视、判断其在自我期许之地里的采纳值。该舍弃的，毫不犹豫地舍弃；该留下的，倍加珍惜地对待。

25岁，我不再期许成为谁的谁。

没什么比"我本可以更好"更令人惋惜

> 这个世界上,应该没有什么比看着自己一步一个脚印地变得越来越好,更让人感到幸福的了。

01

曾经有一个月的时间,感觉自己就像打游击战一样,在学业方面,做好一门课程作业,又着急忙慌地奔赴下一门课程;这门课程结束之后,又开始着手准备毕业论文开题报告,在不到两个星期的时间里看了370多篇论文文献;这中间还穿插着准备另一门课程的主题汇报工作,同时还要保持一天至少一本理论书的阅读效率……

有时候确实感觉这样好累,会偶尔冒出一种"差不多就好了"的心态,但这种想法又会立即被自己否定掉。好像头脑里总有一个声音提醒着自己,对喜欢的事、一直坚持的选择,不要有任何的妥协与应付。

人的天性里面是有很大部分的惰性的。特别是对于女生而言,这个社会看似男女平等,但你仔细去瞧瞧人情世故、世间百态,你会发觉,很多时候,它们都是在以一种与社会进步潮流反向的趋势去矮化拉低女生的自我成长观。

所以,作为一个女孩子,一旦有"差不多"心态,不管出于什么样的原因,如果真的这样去做了,往后余生很多时光也会在"差不多"中碌碌无为。

这是一件很遗憾的事情,因为没有什么比"我本可以做得更好"这样类似的叹息更令人惋惜的了。

02

我是幸运的,在离家求学的这些光阴里,我一直朝着自己想走的方向发展着。

有时候,偶然间看着镜子里的自己,觉得这个女孩子不管是容貌,还是精神状态,抑或思想内涵,都在这几年的光阴里,一年年地蜕化着,一直到慢慢变成自己曾经期望的模样。

在这里,我想分享我在这些年里关于成长的一些个人建议,或者说自己一直坚守的一些信念,希望每一个年轻女孩都可以拥有灿烂明丽的20岁,可以以一种更加坚毅、更加笃定的心态去面对未来的风风雨雨。

第一,永远不要放弃自我成长的机会。

记得有一次和朋友聊天,他跟我说,某个女生在高中的时候是他隔壁班的同学，那时候她真的特别好学、特别勤奋，从她们班经过的时候，经常能看见她在座位上认真看书，但不知道为什么，上了专科之后她就变了一个样儿。

在朋友看来，上了专科之后的她，无论是在性情还是在学习态度方面，都发生了天翻地覆的变化，完全不是从前那个勤奋、好学的姑娘了。

借此，我想说的是，无论你现在做着什么样的工作，上着什么层次的院校，就读着什么样的专业，都不要对自己的人生掉以轻心，甚至产生索性破罐子破摔的行为。

无论现状是好还是坏，都要拥有随时清零的能力。

如果你正处于自己理想的状态中，那就继续保持吧，同时，学会清零过去取得的荣誉；如果你正处于人生的低谷，那就要学会和不如意的过去握手言和，把一手烂牌努力逆转为一手好牌。

当你真正这样做时，你甚至可以把过去失败的一切转变为谁都无法夺走的、独属于自己的无形资产。

第二，你不必拥有好看的容颜，但一定要有耐看的气质。

我很喜欢的一位女老师，她不是一个五官长得特别精致的女性，但却让人第一眼看上去就觉得赏心悦目，举止投足之间有一种端庄、娴静的气质。在她身上，我真正体会到了什么叫作"腹有诗书气自华"。

后来，通过和这位老师密切接触我才知道，原来她竟有过那么不自信的过去。但那些日子已经成为过往了，她凭借着自己的一腔倔强以及对热爱之事的执着，一步步走到了今天。

在讲台上的她，出口成章，古诗词句信手拈来；在日常生活中的她，活得通透又果敢。

我发现，一个人的容貌是可以随着气质的修炼而发生改变的。也就是说，在到达一定的年龄段之后，容貌不仅仅取决于外在的妆容和皮肤状态，更会随着你内在精神的变化而发生转变。

当你精神丰盈、活得勇敢又坚毅，你会发现自己的脸部轮廓、线条、五官都会潜移默化地朝那种很大气的形态去发展。当你精神空虚、活得卑微又怯懦，你展现出来的样貌形态也一定会给人一种负面的印象。甚至你会发现，一些天生拥有姣好容貌的女生，一旦精神世界日益萎靡，容貌就会呈现一种肤浅的、空荡的伪精致，变成一副纯粹的空皮囊。

第三，你不必羡慕谁，但你一定要知道，你想成为什么样的人。

以前，总觉得无论自己做什么事、参加什么活动、穿什么衣服、化什么妆，都很土，后来不知道从什么时候开始，我不再顾及别人的眼光，只专注于自己当下的每一件事——哪怕是一件特别小的事情，我完全摒弃了先前活在别人眼光下的想法。

我现在依旧知道，有很多同龄人比我努力，比我优秀，但我不会再羡慕或焦虑。我现在经常做的事情就是去分析别人优秀的原因，再对比自身的状况，汲他人之所长，补己之短，朝自己想要成为的模样一步步去努力。

甚至，我会在心中完整地刻画出想成为的那个模样——她什么容貌、什么体态、做什么样的职业、住什么样的房子、和什么样的人在一起、拥有什么样的生活状态。这样的画面在脑海中描摹得越详细，每天生活的动力就越充足。

第四，无论单身抑或恋爱，都要用一个人的心态去生活。

这里"一个人的心态"是指，你要在日常生活中培养独当一面的能力，无论是物质上的，还是精神上的。完完全全靠自己一个人的生活，需要巨大的承压力、强大的自制力以及永不妥协的精神动力，当你经历了这一切，才会真正收获一个完满独立的自己。

你深知且自信，你不必依靠谁，不必寄居于谁，一个人也可以活得圆满自洽。

第五，比存款多少更重要的，是挣钱的能力。

当开始自己养活自己之后，我开始考虑两点：

第一点，如何将单位时间内的价值最大化，或者说，如何最大限度地提高单位时间内的赚钱效率。

第二点，专注于核心能力的变现培养。

关于第一点，自从读研后，为了不占用学习时间，我都是利用假期兼职，并且在从事兼职工作时，会有意识地利用特长去选择工作。这样往往一个假期下来，我就可以用很少的时间赚到一个学期的生活费。

关于第二点，比起金钱的积攒，从长期来看更重要的是你赚钱的能力有没有得到提升。

近期，我开始有意识地花一部分时间在毕业之后想要从事的职业上，并且着手做详细的规划。每个星期、每个月、每个季度、每半年需要在这一块花费多长时间、多少精力，达到什么程度的学习效果，需要按部就班地一步步地落实到位。甚至，我已经开始有意识地对寒暑假的工作做调整，以配合我想要长期发展的职业技能。

以上这些，就是想和年轻的女孩子们分享的一些心得，希望现在的、未来的每一天，我们都是在以一种越来越饱满的心态生活。

这个世界上，应该没有什么比看着自己一步一个脚印地变得越来越好更让人感到幸福的了。

阅读，让我们读出那个最想成为的自己

<u>在阅读中，我透过别人的生活，观照自己的生活；透过他人的人生，看见自己生命的无限可能。</u>

01

和一位读者聊天，她问我："你平时会买什么价位的书？贵不贵？"我对她说："无论多贵的书，只要我想看，都会毫不犹豫地买下来。"这个四月我买了11本书。一套汪曾祺的散文全集，一本《断舍离》，一本单反摄影技巧书，两本工具类书籍，还有一本是跟朋友逛书店时朋友送给我的庆山的《夏摩山谷》。

每个月，我都会给自己买各种各样的书。最开心的，就是收到有关书的快递时，那种撕开包装纸、触摸纸质书的感觉。

在买书这方面，我很舍得。

有时候，出去吃一顿饭或喝杯奶茶我都会很心疼，但是买一本100多块钱的书，我眼睛都不会眨一下。作为一名学生，平日在学校，除了一日三餐，剩下的大部分钱我都会花在买书上。有时候，生活费比较紧张时，我宁愿吃得更简单一点，都不会动本该计划买书的那部分资金。

从专科到本科，再到现在的读研生活，我买的书累积起来可以装满七八个最大号的行李箱。

我的专科与本科都是在苏州读的，离开苏州去杭州念书时，我将我所有的书都放在了朋友那里。他的出租房里，有一半的空间都被各种书箱占据了。可我，依旧乐此不疲地买书。

买书，是作为学生时代的我对自己最优的投资。

买回来的书，我都会一一读完甚至花很多时间做笔记。

我曾经对我的朋友说，我以后最大的愿望，就是可以不用考虑钱，可以肆无忌惮地买自己喜欢的书——因为现在的书真的挺贵的——有些理论书甚至是限量款，优惠力度更小。

专业类的书，我很少去图书馆借阅。一方面，每次阅读时我都会在上面做很多笔记——或是用各色水彩笔，或是用各种颜色的小标签；另一方面，有些书是要反复看、随时翻阅的。

02

记得有一次，任课老师给我们布置了一个任务，让全班同学读李泽厚的《美的历程》。然而，班里有不少同学因为舍不得花几十块钱去买这本书而干脆选择了不读。

看着这一幕，我感到既震惊又难过。

有些人，宁愿去买与自身消费水平不符的奢侈品，也不愿意花二三十块钱去为自己买一本书。我认为，这是一件很畸形的事。

花一些钱去买各种各样的书，多多读书，多多投资自己的大脑，这是很必要的事。

03

小时候读的第一本课外书是尼古拉·奥斯特洛夫斯基的《钢铁是怎样炼成的》。

至今还记得在一个梅雨季，门外淅淅沥沥地下着雨，天空被乌云压得暗黑，我一个人坐在小板凳上看书，当时，保尔·柯察金全身瘫痪、双目失明、疾病缠身却依旧顽强生活的意志深深震撼和吸引了我。那时候我才知道，原来除了课本，世界上还有这么有趣的书籍。后来到高中，一直都没有这样很痛快的、无目的性的阅读经历，记忆中大抵都是为应付考试而看作文素材。

直到上大学之后，才可以随心所欲地看一些自己喜欢的书籍。我逐渐学会了如何找到自己喜欢的书籍，并找到适合自己的阅读方式。

我在读书中一步步找到自己，让自己变得越来越好。

与其说是读书，不如说是在一步步读懂自己、找到真实的自己、成为更好的自己、活成期待中的自己。

读书，让我看到了人生的无限可能。通过阅读，我了解到这个世界上并不只有固定的一种生活模式，你可以选择朝九晚五的传统生活，也可以挑战浪迹天涯的自由状态。你还会看到：有人即使生活在泥淖中，依旧没有失去仰望星空的能力；原来平凡大众靠着自己的勤奋努力，也可以创造属于自己的理想生活。

在阅读中，我透过别人的生活，观照自己的生活；透过他人的人生，看见自己生命的无限可能。

读书，还可以提高我们的审美能力，增加一个人对生活的感受力。

每当我觉得日子有点乏味时，我都会选择看一些散文类、摄影类、服饰搭配类的书籍。

一方面，通过阅读一篇篇优美的散文，可以增强我对美的感知度；另一方面，摄影、服饰类的书籍可以提高我的审美修养，让我学会一些穿搭技巧并形成自己独特的穿衣风格。

一个人的精神世界、对美的感知力、审美的能力，是可以通过你的外表展现出来的。

04

因为多年来持续地买书、读书，再买书、再读书，我的人生观、价值观发生了很大的改变。甚至在这几年的人生十字路口，我所做出的很多在现在看来无比正确的决定，都是读书带给我的。

专科毕业那年，因为想学习自己喜欢的专业，并且希望获得一些专业的文学训练，我选择了继续念书，继续升学。

后来，我如愿考取了自己喜欢的汉语言文学专业。

因为这份对读书的热爱，我的专业成绩一直名列前茅，并且在不断的学习中，我对文学作品的理解力获得了很大的提升。也是因为这份热爱，我在读了一年本科后，又产生了考研深造的念头。

后来，我如愿考上了自己心心念念的院校。

在九月份研究生入校后，除了平时上课之外，几乎所有的时间我都一个人待在图书馆里埋头看书。每天都能遨游在书的海洋里，是我清晨起床开始一天生活最大的动力。

有一阵子，除了平时上课，学校还为我们安排了各种讲座，常常一堂讲座听下来就是半天。而且那一阵子，我也在帮老师处理相关事务，整个人读书的时间被大大压缩。

为了有更多的时间阅读，每天晚上无论多晚休息，我第二天早上5：10都会准时从床上爬起来，一个人打开小台灯，一页页地阅读。目之所至，皆是让自己触动的文字。

我当时还算了这样一笔账：每天早起一个小时，一周就能多出7个小时的阅读时间，这样就能保证一周读完一本书。一周读1本，一个月就能读4本，一年就能读48本，研究生三年就能读144本。

这是多么巨大的阅读量啊，而这仅仅只因为我每天早起了一个小时，实在是太值了。

考研期间，有一段时间我的感情出了问题。那时候刚好是11月末，接近考研初试的日子。

在我快要一蹶不振时，我想起我喜欢的女作家萧红的情感经历，她一生在爱与被爱中兜兜转转，终究抱着遗憾离开人世。还有女作家庐隐，一生感情曲折颠沛，用一句话形容她的人生就是"一出父门，即入夫门"。从这些女作家的文字与生平中，我悟出一个道理：一个女人，唯有自爱，唯有坚强，唯有独立——特别是精神上的独立，才能获得理想的爱情。

我很喜欢萧红的《生死场》，在那段难熬的日子里，我连续读了三遍。散文诗般的言语，凄婉的旋律，哀而不得的悲剧，却有一种鼓动人心的力量。

在研究生专业课考试时，一直到进考场的那一刻，我都一直抱着那本书在阅读，以此缓解临考的紧张和因感情不顺导致的沮丧。

书，就是我生活中的一盏明灯，它指引着我一步步跟随自己的内心去寻求遵从本心的答案。

05

我很喜欢把书捧在手里、笔触滑在纸上的感觉，很踏实，很安心。在这里，我想分享几个关于读书的技巧。

（1）坚持阅读一些经典书籍。

所谓经典，我自己的定义是，除了有一定的权威认可度，于你而言还要稍稍有些阅读难度。

如果我们一味地阅读自己轻易就能读懂的书，思维能力是不会得到多大的提升的。读一些经典且有些阅读难度的书，阅读的过程就是思维能力训练的过程。当你真正耐着性子读完了这些书，在未来的某个时刻、某一天，你很可能就会油然而生一种顿悟的透彻感、对事物的认知深度提升一个台阶。

（2）阅读之前，一定要专门花时间去选书。

可供我们阅读的书太多，如何在有限的生命里最大限度地吸收书中的精华？答案就是，我们需要好好选书。

阅读完一本书少则需要花费3~4个小时，多则1个月甚至1年。所以，比起随便读一本书，不如在读书之前先有针对性地选一些经典的、适合自己的书。

（3）以批判的眼光去审视自己阅读的书籍。

有一句古话说："尽信《书》，则不如无《书》。"任何一本书都会多多少少带有作者一定的主观意识。因此，我们阅读时要学会葆有一种批判性的态度。这样，一本书读完，你的感触会更深、思维的发散程度会更加充分。

说到底，其实，我们读书就是在读自己，读出那个最想成为的自己。有书的地方，哪里都如蜜饯，苦咖啡也会变成一杯甜化人心的糖水。

愿你，热爱阅读，慢慢阅读，在阅读中，找到内心深处想要追寻的那个自己。

学会和现实相处，用心感知每一瞬的幸福

> *不管身处何种逆境，都要怀有热情地过好自己的生活。相信只要每天进步一点点，今天就胜过昨天，明天就胜过今天。记住，昨天、今天、明天，每一天，你都是崭新的你，都是充满希望的你。*

01

现代社会发展越来越快，人感知幸福的能力却越来越迟钝。

通信技术飞速发展，从一开始的2G到3G到4G再到现在逐步开发的5G，信息更迭越来越快，甚至已经超过人脑的反应速度。

以前人们的交通工具是马车，到后来是自行车、电动车、汽车，现在已然遍布高铁、飞机。

以前人们之间靠邮局寄信来维持情感，到后来是用家用电话、移动手机，再到现在大部分人都用微信这类社交工具。

以前我们的生活遵循着春夏秋冬四季更迭、日出而作、日落而息的规律；现在有了高楼大厦，都市夜晚举目皆是霓虹灯光，写字楼里的白天黑夜似乎正在慢慢融为一体……

一开始，技术的研发都是以"人"为出发点，期望通过现代硬性设施的提升将人从劳作中解放出来、更好地享受生活。但现在与以前相比，竞争压力越来越大，生存焦虑越来越重，幸福指数越来越低。

升学的压力、工作的焦虑、房贷车贷的负担、儿女成长的担忧……你会发现，人们的眼光总是盯着人生的下一个时刻，总是马不停蹄地为还未到来的生活忙忙碌碌。

我们似乎总是在忙着追逐未来，却很少停下脚步去观察当下的生活。

你有多久没有歇下来好好地吃一顿饭菜？

你有多久没有驻足留意过头顶的天空？

你有多久没有对着镜子好好看看自己的容颜？

你有多久没有和爱人深情地促膝长谈？

你有多久没有问过自己到底快不快乐？

02

一个人越投入对未来的追逐，就会越焦虑，越失去与现实相处的能力。

《皮囊》这本书里，名叫厚朴的年轻人就是一个极度理想化的人物。他来自农村、心怀梦想，极度渴望尝试世界上所有的可能。

在大学，他组建乐队，起名为"世界"；一周换三个女朋友；把老师轰下台唱自己编写的歌曲……他做着这些自以为年少很有魄力很潇洒的事；但可悲的是，他渐渐分不清世界的虚幻与真实，分不清当下与未来。漂离真实的世界太远，想象大过脚踏实地，务虚的方式最终不能活出他期待的人生，他最终只能与死亡为伴。

再次观看《夏洛特烦恼》，最大的触动就是要活在当下、珍惜现在。

以前看的时候，是真的觉得这部电影好笑、幽默、喜剧色彩强烈；现在再看，是含着眼泪在笑。

原来，喜剧就是对人生最大的隐喻与戏谑。

在同学眼中，夏洛就是一个完完全全的失败者，他依靠老婆马冬梅过活。在学生时代的暗恋对象秋雅的婚礼上，夏洛冒充大款被妻子当场揭穿。混乱之中，他穿越到了1997年的高中时代。他如愿改变了自己的人生，娶到了曾经暗恋的秋雅，凭借"创作"他人的成名曲而进入娱乐圈，生活、事业一帆风顺。可看似得到一切的他却完全没有成就感，他的内心极度空虚。他越来越发现，自己最怀念的竟然是与曾经被自己嫌弃的老婆马冬梅相处的日子，怀念那破旧狭窄的小平房、那一碗茴香打卤面。

原来，一味地高估未来，真的会失去对当下幸福的感知力。

03

其实,珍惜当下就是在拥抱未来。踏踏实实地走好当下的每一步、做好手头可以做好的事,就是在为未来积攒能量。

有一阵子,我经常会收到这样的留言:我好迷茫,每天不知道自己该干什么。

我总是会回复这样几个字:那就把当下的事做好。

如果你是朝九晚五的上班族,那就把本职工作做到极致,做到在所处环境里别人无法替代你的地步;如果你是一名学生,那就把专业学好、学精;如果你是全职妈妈,那就用心照顾好儿女、维护好家庭……

迷茫时,先做好本职的事,再去挑战其他的可能。

其实,人们的迷茫,很大部分的原因是想得太多、做得太少。想象大于行动、对未来的期待大于现实具备的能力,两者反差越大,心理越失衡,生活就会越迷茫。

所以,解决迷茫最好的办法,就是珍惜当下所拥有的一切。

珍惜你的朋友、恋人、家人;珍惜活着的每一天;珍惜还来得及改变的自己。

珍惜你的朋友吧,因为朋友就是我们自己选择的家人。选择与自己秉性相投的人做朋友,以真诚坦率之心与之交往。珍惜彼此之间的友情,你会发现人与人之间的温情是那么可贵。

珍惜一直陪伴你的爱人吧,茫茫人海中相遇、相知、相恋,是一份太过美好的事。

珍惜你的家人吧，不给家人坏脸色，学会感恩，学会换位思考。

珍惜活着的每一天。带着微笑去拥抱每一天的生活，珍惜当下的分分秒秒，能够平平安安地活着就已然是一件太过幸福的事。

最最重要的是，珍惜还来得及改变的自己，学会规划自己的生活。做好自己能力范围之内能够做的事，再逼着自己稍稍跨出舒适区，去一点点触碰并打破自己的能力边界。不管身处何种逆境，都要怀有热情地过好自己的生活。相信只要每天进步一点点，今天就胜过昨天，明天就胜过今天。

记住，昨天、今天、明天，每一天，你都是崭新的你，都是充满希望的你。

我走了很远的路，才能站到你面前

> 义无反顾，无所畏惧，用自己的光与热奋力点亮前行的道路。这些，终有一天会助力你走到想要抵达的终点。希望那一天到来时，你可以底气十足地对自己说："我真的走了很远的路，今天才能站在这里。"

01

学院微信公众号公布2020年研究生录取名单，留言下方，有欢喜，有失落，有憧憬，有遗憾。

在众多留言中，有一则简短的留言打动了我：

"一年的奋战，专业第一，我终于有资格来到这里上学。我真的走了很远的路，今天才能站在你面前。"

我盯着这句话看了足足有好几分钟，内心一阵悸动。我可能无法知晓这句话的背后那沉甸甸的分量，但我可能有些许的感同身受。

想起自己复试前夕的场景。

那时第一志愿的学校复试分数线迟迟未公布,我初试385分,不算高,也不算低,但从这个专业历年来的分数线来看,进复试很悬。知晓自己能进复试是在一个晚上,我永远忘不了那个红艳艳的分数线——385分,我压线通过,拥有了进入复试的资格。

提前去上海院校复试的那一天,明喆开车陪我一起去。我们中午1点多收拾东西出发,下午4点,明喆告诉我,离复试的院校越来越近了。当时车子在等绿灯,我从车窗往外看,离心心念念的院校越近,内心的喜悦与紧张就越明显。

回顾自己那一年埋头备考的状态,我突然一下子哭了起来。自己真的付出了好多好多,才换来一次来之不易的复试机会,那一年我付出了自己认知范围内所能做到的所有,没有一丝的保留与遗憾。

我想,那句留言"我真的走了很远的路,今天才能站在你面前"好像同样说出了曾经的我的心声。那背后承载的情感,是真真切切被自己逼到绝路、逼到无能为力的人才能够懂得的。

02

我也曾收到微信后台一些朋友的私信,有些人说,自己考研复试没被录取,很迷茫,不知道接下来该怎么办。我告诉他们,如果真的很想读研究生,就积极准备调剂,不要放弃任何一个机会。

之前为了防止自己复试失败,我专门用一个本子提前把中国所有省份的学校调剂信息都写了下来。当复试真的以两名之差落选时,我天天坐在电脑前看调剂信息,挨个儿打院校电话咨询。

我不知道给我发私信的人后来最终得到的结果如何,是很幸运地调剂到了一所自己还比较满意的院校,还是终究抱着遗憾落选。在作为过来人的我看来,无论结果如何,只要自己曾经为此义无反顾地去争取过、去努力过,就是无憾的。并且,一次失败,并不会也不应该成为阻碍你不断前进的借口。挫折、失败、挣扎这些负面隐忍的情绪只会让正值青春的我们越来越坚韧、越来越从容、越来越果敢。人生有很多条路,没有一条路是完美的,但每一条路都是由人从不完美走向完美的。

也许,你错失了研究生的名额,选择了另一条就业或者创业的道路;也许你还想"二战",为自己的不甘再争取一次机会。这些,都没有好坏之分。你要明白,学习、读书真的是一辈子的事情。诚然,研究生的文凭也许会给我们以后的择业带去一份更好的保障,但最终你会发现,除去任何附加的外在之物(学历、头衔、平台),最可靠、最有含金量、最有底气的保障永远是我们自己。

一颗不断求知的心,一种谁都无法夺走的智慧,一份出色的无可取代的实力,这些,才是支持我们走得更远的保障。

○3

细看自己一路走来的历程,走到今天实属出乎意料,但也似乎在意料之中。

记得前些年刚进专科时,我在一本墨绿色的长条笔记本上给自己规划了大学五年的成长规划。按照上面的安排,在大学我需要先考到一个中级秘书资格证(当时我学的专业是文秘),然后毕业工作几年,再考到高级秘书资格证;除此之外,还要学习好外语;到了30岁,我一定要开始学习自己从小到大一直想学的舞蹈。

你看,当时20岁的我,对于自己未来的规划完全没有上本科、读研究生这些。按那时的规划来对照现在的生活,我在专科期间就顺利考到了中级秘书资格证和大学英语六级证书,现在依旧在求学的路上。

如今回看20岁的自己在眼界范围之内对未来做的规划,我的人生发生了太多意想不到的改变。有惊喜,有沮丧,有收获,也有遗憾。而我现在的生活状态也是20岁时的自己无法预料也不敢想象的。

生活在一天天过去,哪怕前面的道路一片雾霾、一片曲折、一片困顿,可以肯定的是,我或许可以宽容自己暂时看不清未来的走向,但无论过去还是未来,我都不会放弃每一天的成长。也许成长的步伐很小很小,小到就像蜗牛爬行一般,但日积月累,我相信时间会给我最大的能量,也会磨砺出我最深沉的潜能。

04

《相约星期二》中有这样一段话:

"实际上,我分属于不同的年龄阶段。我是个3岁的孩子,也是个5岁的孩子；我是个37岁的中年人，也是个50岁的中年人。这些年龄阶段我都经历过，我知道它们现在是什么样的。当我是个孩子时，我乐于做个孩子；当我应该是个聪明的老头时，我也乐于做个聪明的老头。我乐于接受自然赋予我的一切权利。我属于任何一个年龄，直到现在的我。"

你们能想象吗？这是一个快要时日不多、即将与死神赴会的老教授对自己的学生说的话。

这位社会学老教授在得知自己的生命所剩无几时，依旧希望将自己一天天接近死神时领悟到的人生感悟传授给那些活着的人，期盼他们从中可以彻悟生活的真谛。

在最后的时日里，他每周二给学生米奇上课，在死亡一天天迫近时，他与心爱的学生谈论世界、谈论自怜、谈论遗憾、谈论家庭、谈论情感、谈论永恒……

这是他给世人留下的最后一堂课，燃烧自己在人世的最后一分光与热。在死亡面前，他显得淡定、从容、优雅，那是因为他从来没有辜负过此生，没有辜负过以往活着的每一天。

生活的每一天，都应该是圆满无遗憾的。因为作为主角的我们如果从来不曾浪费过活着的每个阶段，那对于那些无法掌控的遗憾、那些人生意外的失落，又怎会太在意？

所以，无论现在的你有着什么样的生活状态，是陷入低谷，还是意气风发，是鲜花簇拥，还是孤寂独行……这些都没必要太在意，重要的是，你一直行走在人世的征途中。

义无反顾，无所畏惧，用自己的光与热奋力点亮前行的道路。这些，终有一天会助力你走到想要抵达的终点。希望那一天到来时，你可以底气十足地对自己说："我真的走了很远的路，今天才能站在这里。"这样，真好。

你原本可以不用这么焦虑

> 不要为了自律而自律，不要为了努力而努力。自律也好，努力也罢，都是一件特别不值得去炫耀的事。

01

晚上将近12:00，收到一位学妹的微信消息。

她说，她很害怕自己这么努力，坚持到最后却一事无成。之所以会产生这种想法，是因为她每天都不能很好地完成任务。

她发来一段自己每天的日程安排：

"早上4:30起床洗脸，做英语试题，临摹字帖。6:30去学校附近做兼职。8:00返回学校上课。中午兼职一个小时。午休一个小时。晚上兼职一个小时，练舞两个小时。9:30开始背英语单词一个小时，10:30左右回宿舍洗漱睡觉。我感觉我每天的时间都不够用，不知道复习、预习专业课的时间从哪里'抠'出来。"

看了她发的消息，我在纸上算了一下，不算上专业课的时间，她一天至少要完成五件不同的事：做英语试题，背英语单词，临摹字帖，练舞，做兼职。

从我自己目前的状况看，一天能够高效率地完成四件事就已经很不错了。

抛开她安排得是否合理不说，我更想从一个大的方面说的是，当你每天给自己安排很多学习计划的时候，请思考以下三个问题：

第一，你给自己安排这项学习计划的目的是什么？

第二，你想从这些学习计划中培养的核心能力是什么？

第三，当你感觉每天的计划压得自己喘不过气时，为什么不试着删减你的计划？

作为一名在校大学生，我们更应该首先学好的是专业课，而不是一味舍本逐末、用大量的时间去做自己认为的有用的事。

大学期间，大部分学生的认知能力是有限的，会被外界的各种因素左右。

比如，看见别人写作赚钱，就觉得自己文笔也不错，就很轻易地浪费大量的时间去写作而忽略了对专业课的学习。

无论你是否对你所学的专业感兴趣，请坚持学好它。因为当你真正学好、学精你的专业课，你会发现，你收获的已经远远不止专业知识本身，意料之外的那些东西可能会给你的人生带来很大的帮助。况且，在专业课的学习中，只要用心去学，你会从每一位老师的身上学到很多课堂之外的东西，这无疑又是另一笔宝贵的财富。

因此，我从来不建议作为大学生的我们轻视自己的专业课而另寻一条道路。也许你是真心喜欢另一条路,那也请在专业课学到位的情况下去做你喜欢的事,否则到最后很容易两边都学无所成,最后落得两手空空。

02

不要为了自律而自律,不要为了努力而努力。自律也好,努力也罢,都是一件特别不值得去炫耀的事。它们其实就像吃饭睡觉一样,是你为了追求更好的生活品质必经的道路。

在自律、努力的路上,很重要的一点是,你一定要有一个最终的导向,即你最终想实现什么样的目标。确定最终目标之后,去对目标加以分析:实现这个目标最需要的核心能力是什么(1~2个)?次要能力是什么?一一写出来。

当你确定这些之后,做好自己的时间管理。不要一次贪多,一步一步来。

这里我给大家提供两种方法:

第一种:自己安排一个时间节点。比如说,从几月份到几月份,主要培养什么核心能力,需要达到什么水平。等你的核心能力慢慢培养起来了,再去一个个增加需要培养的辅助能力。

第二种:可以以周为单位来安排协调自己需要学习的技能。比如周一到周五,把所有空闲的时间用来只培养一个核心能力。然后周末两天,专门用来培养1~2个辅助能力。

03

就我自己而言，我一般在保障每天的专业课能得到充分学习的情况下，再依据自身的情况去培养其他的技能。

比如，周一到周五，我会每天利用2~3个小时的固定时间去写作，其他时间留给专业课。周六到周日，留半天的时间对一周的写作情况进行总结，并对下一周的写作情况做计划。另外，我选择的辅助技能是摄影。摄影每个星期学习两个小时，周六、周日各一个小时，分别安排在晚上睡前一个小时。这样一周一次循环。

当然，我肯定还会有其他的东西需要学习。我会慢慢来，将它们分散到不同的阶段，而不是一股脑儿地都同步进行。

我始终坚持的原则就是：以学习核心能力为主，再辅之以其他技能。核心能力是需要你精学的，每天花2~3个小时去坚持做它。辅助能力是需要你泛学的，所谓泛学不是马马虎虎了解个大概，而是相比较于核心能力花费的时间相对少一些，等核心能力有所提升，再去精学它们。因此，针对自己的目标要做到精学与泛学相结合，主次分明、张弛有度。

04

很多时候，我们明明把计划都安排得好好的，但还是会焦躁、会害怕、会迷茫。

那是因为我们很多时候太重视短期的收益,而等不及长期的回报。可很多能力之所以叫核心能力,就是因为它对于你目标的实现有着不可替代的作用。所以,这必然需要你花费大量的时间精力去培养它。如果这时你反其道而行之、过分看重短期的效果,肯定会事与愿违,陷入不间断的焦虑之中。

你要有勇气去坚信,自己所有的付出,自会有一番收获。耐住性子,沉下心去做,其他的就交给时间。

05

第五章
冷清又热闹，我要把
生活过得自带腔调

专注于喜欢的事，是对自己最好的取悦

> *就好像你确定了你的目的地，那么无论是坐飞机还是坐火车，抑或步行，你终究有抵达的那一天。*

01

我有一个朋友由于做主播的缘故，常常被问及播音这个行业是不是真的很赚钱。

平时在自媒体上，主播、录音类的培训也屡见不鲜。比如"招文学朗诵爱好者，线上办公，时间自由，400元/小时""招100名宅家录书兼职，100~400元/小时""人人都能操作的有声书配音副业赚钱方法"等。

在这个所谓的红利时代，盲目跟风投入某个行业去赚钱，其结果很可能是人财两空，到最后成为资本收割下陪跑的人。所以，与其焦头烂额地追逐那些所谓的红利风口，不如深挖且专注于自己喜欢的事，这才是一个人对自己最好的取悦与奖励。

02

其实,"播音"只是所谓的时代红利下的冰山一角。

你会发现,伴随瞬息万变的时代红利浪潮,各种知识付费课程层出不穷、百态横生。比如电商运营、新媒体写作、短视频创作、时间管理、理财培训……

这些课程许诺的共同点皆是:零基础,适应各类人群,特别是宝妈、工薪族、月光族、大学生;低门槛、高收入、课程方法论总结全覆盖、后期资源扶持一站式服务配置。这很大程度上满足了普通大众没资源、没方向、没人脉、没时间等生活痛点,看似是为他们打造出了一条幸福速达快车路线。

于是,很多人兴致勃勃地付费购买,可却只有极少的人真正地通过学习站上了红利风口。更多的人,付出与野心两端天平倾斜失衡,不仅浪费了时间、金钱,自己的自信也再一次受到碾压。

03

法国哲学家、现代思想大师让·鲍德里亚早在《消费社会》一书中,就以"镜子"与"玻璃橱窗"两种比喻做概念对比,他写道:

"在当代秩序中不再存在使人可以遭遇自己或好或坏影像的镜子或镜面,存在的只是玻璃橱窗——消费的几何场所,在那里个体不再反思自己,而是沉浸到对不断增多的物品/符号的凝视中去,沉浸到社会地位能指秩序中去。

我们在橱窗中看到的不是自我完整的影像，而是商品和叠加在商品上，被切割得支离破碎的模模糊糊的自我。

前商品社会的个人，对自己的看法类似镜子，基本上看到一个完整的自我，而商品社会的个人，是玻璃橱窗中碎片状的个体。"

除此之外，他还用另一个比喻"丢了影子的人"来指人的异化。影子消失，镜子转换成玻璃橱窗，这些都意味着人远离深度模式和价值判断，被资本消费符号构筑成了平面。

于是，"再也没有存在之矛盾，也没有存在和表象的或然判断。只有符号的发送和接收，而个体的存在在符号的这种组合和计算之中被取消了……消费者从未面对过他自身的需要。"

也许，这才是"站在风口上，猪都可以飞起来"这一引人为豪的社会浪潮背后，许多人的生活本相。

04

不管哪一门技能，播音主持、电商运营、新媒体写作、短视频创作、理财培训、时间管理，这背后都离不开千万个日日夜夜的专业深耕与沉淀，而绝非一尺之功。

就短视频而言，除了学会拍摄，这背后还需要你对市场内容的定位、策划、营销深入掌控，视频画面的每一帧剪辑也都依赖于你长期审美底蕴的修炼。

就写作而言，这不仅仅是掌握几个行文结构的套路、开头、转折、正文、结尾的归纳公式就可以简单了事的，它还需要你对文字有一定的敏感度，对经典文学作品有过深度鉴读，能对古今哲学思想探索与深思，它更离不开日日的习作与广泛高质量的研读。

即使是畅销书作家村上春树，他同样也需要十年如一日的埋首习作。甚至为了更好地从事写作，他自29岁开始，坚持每日长跑十公里，以保持一份对写作的自律与饱满的韧劲儿。

而就自媒体运营而言，看似入门门槛低，却也离不开自身专业能力的厚积薄发。

只有那些深谙内容创作和长期致力于大众传播的媒体人，在恰逢时代风向下转投新媒体内容创业，才更易取得令人羡慕的成绩。

即便是如我们所熟知的被世人称为股神的巴菲特，也离不开终身的学习。

巴菲特曾说过："我们每个人终其一生，只需要做好一件事就足够了。"

终身阅读和学习是巴菲特坚持了一生的习惯和信仰。因为巴菲特读书实在多，合伙人查理·芒格甚至曾评价其为"简直就是长了两条腿的图书馆"。

记得一名当红女星也曾在演讲中这样阐述过自己对演员梦的执着追求：

"我认为，英雄的出处是来自内心的强大，来自对梦想的执着追求和你所从事职业的坚持与踏实，以及自身面对浮华的定力。我想成为这样的英雄，我想距离自己的梦想更近一些。我也正在努力着，努力成为一名优秀的演员。"

所以，你看，世间所有怒放的才华，都是用汗水浇灌出来的花朵。

05

当然，我们并不是说所谓的时代红利一无用处。在时代红利浪潮下，我们完全可以借势而为，尝试并找到自己感兴趣的职业，将它作为一项长期发展的职业技能，专注且热爱着。可最重要的是，我们要明白该如何在这令人眼花缭乱的机会中找到适合自己的职业。

首先，我们不妨把各类付费课程作为尝试的入门槛。花尽量少的费用去接触某一个自己感兴趣的行业。以此为切入点，深入耕耘，通过不断的学习与精进，将其打磨为生存的立身之本。

其次，如果对未来从事的职业感到一片迷茫，不如降维思考。即从自己想抵达的生命终点去思索，先弄清楚你未来想过的生活，以及你愿意为这种理想生活付出的代价有多大。当你明白了这些，那么无论你从事哪个行业，从事什么样的职业其实都不重要了，只要坚守初心，坚持努力，你都能获得最终的成功，这些无非是时间快慢问题。就好像你确定了目的地，那么无论是坐飞机还是坐火车，抑或步行，你终究有抵达的那一天。

选择一件事情,投入进去,做精做专,靠自己的拼搏付出,过上理想中的生活,这才是一个人对自己最好的取悦。

你要努力生活，也要善待自己

亲爱的姑娘，你要努力生活，但也别忘了善待自己。

01

好像年龄越大，身体各方面的状态越不如从前。控制体重、保持身材、保持良好的精神状态、保养皮肤……这些都需要花费比十八九岁双倍不止的精力。

连续几天海吃海喝——烧烤、牛排、油炸食品，体重秤上的数字立刻让你清醒；

只要稍稍吃多一点油腻的食物，小腹赘肉就会凸显；

睡眠不好或晚上熬夜，第二天所有疑难杂症全都像商量好了似的，一个一个给你好脸色——一整天头脑都是昏昏沉沉的，哪怕第二天起得再迟，补充再多的睡眠，都无济于事。

总之，身体的一切微妙的或大胆的变化，都在向你宣示：亲爱的，你已经不再年轻了。

这些，是我步入25岁时，身体给予我的最大善意的提醒。

02

过去几年不间断的阅读学习，让我脖颈附近的脊椎长期遭受着压力。而在最近这半年，它们仿佛铆足了劲儿要给我点脸色看看。我的脊椎会间歇性酸痛，甚至连胳膊都难以抬升。我不能再像以前一样长时间低头看书，哪怕只是几分钟，我脖颈附近的脊椎也会开始抗议。

我清楚记得那是10月1日那天晚上一点多，我被生生疼醒了，背后的脊椎仿佛被撕裂一般，疼到无法呼吸。在床上辗转反侧，任凭怎样调整呼吸、怎样放松身体，疼痛依旧持续性地向身体发起攻击。我疼到眼泪被逼出来，凌晨两点躲在卫生间里哭。

我已经回忆不起来那天自己是怎么样入睡的。只记得当我再一次平躺在床上时，手表的时针已经指向了数字5。

03

前不久，我在网上给自己买了一个磨砂绿的阅读架。

每次看书时，需要先将要读的书放在阅读架上，再将阅读架的高度调整到眼睛可以平视书页文字的高度。

现在每天去图书馆我都会带着这个阅读架。一到图书馆确定座位，第一件事就是将当天要读的书安置在阅读架上。因为它，我不用再低头看书，脖颈那边的疼痛感也稍稍缓解了一些。

除了多年累积起来的脊椎疼痛，我的体能状态也大不如从前。我的身体发生了两个明显的变化：一是虽然保持着和以前一样的睡眠时间，可我现在时常会感到昏昏欲睡，精神状态极其不佳；二是每天晚上从图书馆回到宿舍，整个人好像累到要散架了一般，浑身无力。

有时候我会想，自己是不是真的老了。

我快要25岁了，已经比不上三四年前的自己，那个时候的我精力充沛，为了自己生活的理想，可以每天至少十个小时泡在图书馆，高专注、高投入。

那时，我每天睡眠不到六个小时，中午仅仅趴在书桌上稍稍休息半个小时，剩下的时间，除了正常的学业课程，全部花在进一步的求学上。那时的我也很少运动，特别是2019年那一年，我每天的运动量就是从宿舍到图书馆每天来回的距离。

那时高强度的学习状态并不会让我感觉到疲惫，但现在，不行了。

我依旧怀有当初的赤忱以及对学业的专注与投入，但我的身体已经跟不上了。它变着花样地用各种方法来惩罚我对它的忽视。我不知道它是在责备我过去的几年对它太过于轻视，还是真的累了，想要停下来歇一歇。

为了每天拥有饱满的精神状态，之前早起读书的时间改为了晨起跑步。从5:30开始晨跑，一个小时8公里，跑完之后回宿舍简单洗漱一下，然后吃早饭，去图书馆。

我以这样的方式改善自己的身体状况,相较于之前,确实有了很大的提升,但好像我再怎么努力,身体状态也回不到以前了,我时常需要付出双倍的精力,才能让身体跟得上我想要努力生活的意志力。

04

越长大,越发现,好多事情都是无能为力的。有时候我们能做的,就是试着以平和的心态去接纳它、去拥抱它、去消化它。

我隐隐地承认,自己真的开始不再年轻了。我也许还拥有十八九岁年轻气盛的心态,但身体已经开始向岁月妥协。它以自己的方式告诉我:亲爱的姑娘,你要努力生活,但也别忘了善待自己。

我也开始接受这样的事实,并且通过自己的方式,和它好好商量:亲爱的,我会学会慢慢善待自己,但也请你和我一起努力生活。

写到这里,祝愿每一个不再那么年少的我们,既要好好生活,也别忘了好好爱自己。

因为未来,路还很长。

对交朋友这件事，我们无须太功利

> 时刻保持一种勤勉的态度，以及方寸之内的真心；去容纳更多可能会在某一天走失的人与物，去接受生活中随时都可能结束的情感。生活不过是，一日三餐，二三挚友，以及猝不及防的接受与失去。

01

我发现，自从重新理解了"朋友"一词后，在人际相处方面，我好像一下子释然且轻松了很多。

一方面，我不再像过去那样执迷于一定要和谁维护好关系；另一方面，我开始抛弃社交、网络等方面关于交友的至理箴言，只从自己的生活体验出发，只坚信于自己在与别人相处，及所思、所想、所感中得到的零星信条。

一旦遇到一些问题，将它作为一个课题认真地去对待，吃饭、行走、玩乐时都将之存入潜意识中，反复琢磨，原来的空白无头绪便会在某个瞬间一下子豁然开朗。

这一套思考问题的方法论，对于"朋友"这个话题也是一样的适用且行之有效。

正因为如此，我逐渐避开网络信息茧房中精心打造的"优秀论"腔调——即强调我们更应该和优秀的人交朋友。这样一个腔调的支持点在于，和优秀的人在一起，身为当事人的自己也会同样变得越来越好。而所谓优秀的定义，包括高学历、高薪资、高职位、高水平的生活追求，等等。

这在某种程度上可以说奉行的是"近朱者赤，近墨者黑"的信条，只不过在当下社会被强调与利用得更加淋漓极致。然而，社交网络、电视综艺等各种现代媒介渲染打造的高层次生活、高阶层人群、高薪阶级等与所谓的"优秀"挂钩的条件，很多对生活雄心勃勃的普通年轻人是接触不到的。

刚刚步入社会的我们，没有什么阅历，纵览身边的人，也大部分都是普通的工薪阶层。如果一味好高骛远，盲目追求所谓的优质人脉、高层圈子，那只会让自己陷入迷茫焦虑的怪圈。

所以，作为普通人的大多数，于我而言，比起追求和优秀的人交朋友，其实，和真心对待你的人交友是更加值得珍视的。

02

萌萌是我从小玩到大的朋友，我们在一起相处已有二十余年。

可以说，自高中之后，我们两人就走上了不一样的道路，她开始步入社会生活，我依旧走在接受传统教育的道路上。

她参加工作后的第一年回老家，给我买了一件带蕾丝边的嫩粉色袄子。后来，我去外地上大学，每次去她那里，她都会请我吃饭，带我去各处逛。再后来，她结婚、生孩子、做了全职家庭主妇；我依旧是一个再普通不过的学生。

不同的成长道路并没有让我们走得越来越远。她会跟我诉说家庭生活的各种不顺心，我也会和她谈感情生活及关于学校生活的种种。我不会嫌弃她对生活的各种吐槽，她也不会质疑我所选择的道路。

忙起来时，几乎不怎么联系；但只要见面，依旧会絮叨各种各样的事情。

如果说，有什么是一直维系我和她能够走到今天的，那一定是一颗真心。不做作，不算计，不伪善。

司徒是我初中时遇见的，初三那年，我们被分到同一个班级，但没有多少交集。后来，我们两个竟然上了同一所高中，在同一个班级、同一个宿舍。再后来，我们朝夕相处，在同一个屋檐下吃饭、学习。上大学时，我们在不同的城市。大学毕业之后，她选择了工作。

她有点儿不太关注社交，相处的朋友也寥寥无几。但即使一年都见不到面，我们依旧会在某个节日互通电话，互相送给对方喜欢的礼物。

阿敏是我专科认识的同校同学。我们因为某个巧合变成了现在的好友。她本科毕业之后选择了参加工作。在我读研期间，她发了工资总会给我买各种小礼物，一条披肩、一个唇膏、一支眼霜……

其实每段感情的一开始，我们都不知道我们今后会产生多么深刻的关系，可慢慢相处下来，当这段友情没有太多虚伪的套路，没有太多伪善的言语，亦没有太多功利性的目的，感情自然而然就会变得越来越深。于是，慢慢地，我发现，每一段让我打心底想要好好经营的友情，如果说有什么共同点，那一定是"真诚"二字。

03

有那么一段时间，每到一个新环境，交友都会成为一个足以令我感到困扰的问题。

曾经以为朋友之间就一定要亲密无间、一定要无话不谈、一定要坦诚相待。后来渐渐发现，当我们退一步去定义"朋友"一词的含义时，对待身边的人际交往反而会更加从容。

有一次和一位相处不错的异性朋友聊天，他反问我："你认为什么才是朋友？"

他说，他有很多朋友，从舍友到同班同学，再到从小玩到大的人。在他看来，和他们在一起，很多时候不过是大家开开心心地一起吃喝玩乐，并没有什么特别的意义。

他对我说："好像你们女生对于朋友的要求都很高很高。"

自那次聊天之后，我真的觉得自己有所顿悟。我不再试图给"朋友"这个词以太多情感性的定义，当我对它没有了太深刻的"情感洁癖"之后，我和身边人的关系好像也缓和了很多。我不再以自己的价值标准去定义朋友这个词汇，而是给它一个更加宽泛且更具包容性的理解。

可以一起吃一顿饭、可以一起逛一次街、可以一起相约在图书馆学习，甚至一次深夜交谈，对我而言，这些生命中出现的人都可以归于"朋友"这一栏中。

与此同时，我也更加珍惜那些一直以来陪伴在我身边的人。我开始知道自己小小的生活圈可以容纳什么样的人、可以深交什么样的人，不再为走失的友谊而玻璃心，不再为逝去的人与事而久久停留。

时刻保持一种勤勉的态度，以及方寸之内的真心；去容纳更多可能会在某一天走失的人与物，去接受生活中随时都可能结束的情感。生活不过是，一日三餐，二三挚友，以及猝不及防的接受与失去。

找回生活的平衡感

> 当你开始有意识地与别人比较时,你就已经输了。因为你已经站在别人的人生隧道与既定的轨道上,任你再怎么超越也只是在别人的规则内玩,从来不知道自己下一步的规划是什么。

01

早上九点多,用家里新买的打印机打印上课用的资料。打印到一半,弟弟提醒我,墨盒里的墨粉快用完了。他说,等他上完网课帮我换。

我一想待会儿上课就要用了,时间好像来不及。于是自己就用那种平时医院里常用的粗针管抽吸墨水瓶里的墨汁,再将四厘米长的针头插进墨盒里,将墨汁推进去。之后,重新启动机器,一张张满是英文字母的纸从打印机里顺利地下来了。整个注墨的过程一气呵成,我感觉自己好像做了一件多么了不起的事。

其实，最近我越来越留意自己做好的每一件小事。

比如：

每天早上在阅读专业书之前，能给自己留55分钟时间阅读其他类型的书籍。

中午吃饭时，为了保证下午不犯困，保证有足够的精气神上课、学习，知道注意控制自己的饮食。

下午四点时，即使手头的任务再多，也会有意识地走到家的后门去看看外面的夕阳，看看一片油菜花的园地——湛蓝的天空为它心甘情愿地做底色，七色彩虹为它的葱翠撑腰。

下午将近五点，我会去跑十公里，我最近用了一个星期的时间把体能恢复到了寒假之前的状态，体重也开始恢复如初……

这些，都是最近发生在我身边的事。它们让我沉浸在时刻的欢喜之中，让我保持对生活的惊喜与期待。最重要的，给不太完美的自己一份自信与底气。

02

以前写作时，一直担心自己的思想深度不够，文字不够优美，措辞不够精准，行文不够有逻辑。这种不自信让曾经的我一旦接收到别人对我的文章的批评，我就会感到丧气，萌生不敢下笔的念头。我相信每一个写作者都多多少少地有过和我相似的感受。

现在，看着自己敲下的每一个文字、从头脑里孕育出来的每一篇文章，我不再需要通过太多外界的肯定去给予自己写下去的动力。因为，我深知自己的文字传递的是什么，我知道自己为什么一直在写。最根本的，我开始慢慢地学会接受那个不太完美的自己。

我在很多地方虽然还远不完美，但我一直试图在当下的状态中做到最好，这就已经足够了。完美不是一种即时的能力，而是一种不断刻意练习、不断完善的过程。

之前，导师将我已经改了三次的论文发给我，并专门用红笔、蓝笔、黑笔做了批注和具体的修改意见，让我再试着重新完善。后来，导师可能觉得这样的反复修改会让我感觉很挫败，于是特意发了一段鼓励的话给我。我厚脸皮地回他："在发给老师之前，我就想好了，只要写的论文里有一句话是对的，我就很满意了，剩下的，我可以一句一句地修改。"

这不是自我安慰，也不是强装笑脸，而是越来越从容地接受那个不太完美且时时需要精进的自己。

因为敢于接受，所以做事从容很多，常怀空杯心态，才能不断地汲取身边人的正能量。

03

从容地做不完美的自己，但一定要做完美的个体。所谓完美的个体，是相对于大众而言的。在竞争就业、工作升职、学习考证、买房买车等各种压力剧增的形势下，淡然地做好自己。不要与别人做比较，也不要因为什么人束缚住自己。

当你有意识地与别人进行比较时，就会无意识地与别人进行各方面的攀比。比工作、比业绩、比家庭、比工资，逐渐在心里给自己上了一道枷锁。

时时刻刻以别人为准绳来衡量自我的优与差，一旦感觉自己比别人优秀，就会滋生自傲自大的情绪；一旦意识到自己比别人差，就会焦虑失控，每时每刻活在患得患失的状态中。于是，渐渐地，你的每一次心情起伏都伴随着他人的一言一行，逐渐失掉了自己生活的平衡感。

当你开始有意识地与别人比较时，你就已经输了。因为你已经站在别人的人生隧道与既定的轨道上，任你再怎么超越也只是在别人的规则内玩，从来不知道自己下一步的规划是什么。

只有将全部的精力用于关注自己当下的生活、当下所做的每一件事，不和别人比，而是和前一年、前一个月、前一周甚至前一天的自己比，你才会在自定的轨道上越走越远。

当量变化为质变，你自然会得到你想要的生活。

04

家喻户晓的摩西奶奶，出生在美国纽约州格林尼治区一个普通的农民家庭，幼时曾读过几年书，从事女佣工作15年。

27岁时，摩西奶奶与雇农托马斯·萨蒙·摩西结婚，后重回纽约，在离她出生地不远处生活了将近30年，并开始刺绣。

76岁时，摩西奶奶因关节炎放弃刺绣，开始尝试绘画。

80岁时，摩西奶奶在纽约举办个人画展，引发轰动，风靡美国。

到摩西奶奶101岁去世，时任美国总统肯尼迪致讣告词，称其为"深受美国人民爱戴的艺术家"。

在作品《人生永远没有太晚的开始》中，摩西奶奶说："生活是我们自己创造的，一直是，永远是。"

"有人总说，已经晚了，实际上，现在就是最好的时光。对一个真正有所追求的人来说，生命的每个时期都是年轻的、及时的。"

摩西奶奶用自己的一生告诉我们，永远不要被年龄、职业、教育水平及一时不如意的境况所限制。

除了这些，我想，作为"90后"的我们，也要练就一颗强大的内心，敢于质疑、批判、解构一些东西，但同时也给自己的内心腾出一些空间，去接纳积极的、有价值的营养，不断使自己保持如海绵一般的状态，从容地做不完美的自己，勇敢地做完美的个体。

我们需要一些接地气的日子

> 人还是要保持对细碎的生活感到满足的能力,比如驻足一段迷人的风景,品尝久违的美食,重温熟悉的街角,挑选喜欢的服饰,感知刹那的温柔,这些看似鸡零狗碎的生活片段却常常是通往幸福生活的秘密通道。

01

在大学里,大都是矗立着的教学楼,满目玻璃、水泥、石板。

我最喜欢的地方,是宿舍门旁一块土地里栽种的各色花朵。有一种野玫瑰,大红色的花瓣,含苞待放的样子总会让我想起小时候奶奶家门前种的月季。

小时候,月季花开了,我会把它摘下来试着悄悄戴在头上,还会捣碎了挤出红汁水,连同碎花瓣一起抹在手指甲上,用细树叶包好,过一阵子,把它们拿掉,指甲就被染成了嫩红色,心里美滋滋的。

有一阵子,学业很紧张时,每天最让我感到愉悦的时刻是:

清晨，整个校园还没有完全睡醒，站在图书馆外面的走廊上背书，抬头满目可见远山、湖泊、杨柳，在眼中映成了一幅很清雅的画卷。

下课时，从教学楼后门出来，看见远处大大小小的树枝上好像绣着五颜六色的花朵，红的、绿的、黄的……

晚上十点半，一个人背着书包从图书馆出来，一边戴着耳机听音乐，一边抬头看深邃如谜的夜空。

我们学校有一座天桥，将学校的南区北区连接起来，很特别的是，刚好天桥旁边有一棵参天大树。如果哪天空气里有厚重的雾气，天黑时，又刚好有人从桥上走过，你在离天桥不远的地方看，在灯光的照耀下，一片朦胧的银色，就好像那人是走在云端里，有一种很脱俗的感觉。

每次见到这种景色，我紧锁的眉头总能一下子舒展开来。

这些日常中很容易被忽略的细微之处，时常在我感到沮丧时，带给我一些生活的期许。

02

前段时间看《娱乐至死》，作者尼尔·波兹曼在书中提到这样一种观点：

钟表的发明把时间从人类的活动中分离开来，并且使人们相信时间是可以以精确而可计量的单位独立存在的。分分秒秒的存在不是上帝的意图,也不是大自然的产物,而是人类运用自己创造出来的机械和自己对话的结果。

钟表使人变成遵守时间的人、节约时间的人和现在拘役于时间的人。在这个过程中,我们学会了蔑视日出日落和季节更替,因为在一个由分分秒秒组成的世界里,大自然的权威已经被取代了。

回想自己的生活轨迹,有时候真的有一种生活被拘役于时间的感觉。特别是最近这些年,习惯每天将自己的生活安排得满满的,具体到什么时候起床、吃饭、睡觉、休息。一开始,这种精确的安排确实会让自己的学习效率大大提高。可时间长了之后,就形成了一种无论什么时间段,和什么人在一起,都有一种时间上的紧迫感。一旦某一天稍微按下暂停键,肆无忌惮地休闲放松,就会产生一种蹉跎岁月的负罪感。对生活的精确规划,让我整个人变得理性大于感性。待人接物、交往做事都显出十足的理性。甚至对于每件事情的安排,都要求分毫不差地去付诸行动。但其实,在心情烦闷时,我还是更喜欢看一些好看的图片、有趣味的散文、小说、电影这些感性大于理性的东西来纾解情绪。

03

记得曾有过一段足不出户的日子,在那段日子里,我整个人心境清明疏朗,甚至体验到一种久违的快乐。这种快乐不是来自故意偷懒、整天无所事事,而是一种来自生活的纯粹的快乐。

我不再争分夺秒，我会在清晨起床给自己倒一杯柠檬水，站在后门外的小菜园子里，观察日出的缤纷，大口地呼吸小镇中独有的新鲜的空气。我会在绝大多数的下午，扒着房间的窗户去看落日黄昏，观察头顶的那一片天空、白云、阳光。

天气晴朗时，每到上午九点，阳光都会透入卧室的玻璃窗纱，为粉色的棉被镀上一层明暗有致的光晕。每当这时，我都会停下手头正在做的事，满怀欣喜地看着房间里的一切：床被染成了浅粉色，书橱被染成了淡黄色，一切都显得那么柔和。

午休结束后，我常常会下楼炸火腿肠。将切好的火腿肠一段一段地放进油锅里，看它们在锅里翻滚，直到煎至外皮酥脆金黄，再逐一为它们串上竹筷，洒上些许辣椒粉。一份给我和明喆，一份给弟弟，还要留一份给正在睡觉的老妈。

到下午五点左右，明喆会喊我去打羽毛球。我的技术很蹩脚，他像个教练，总是叫嚷着纠正我的动作，让我加快接球速度，我想，他大抵是觉得我平时体质不太好，是在变相督促我多运动、多出汗、多排毒吧。

就这样，每天都有时光可恋，有人可伴，所以倒也并不觉得无聊，不觉得烦闷，用空闲的日子来放空自己的头脑，梳理过去的点点滴滴，挺好。

04

有时候，作为学生的我们，会面对各种各样的压力、竞争、焦虑。我们被推着往前走，每个人都像一台高速运转的机器。一旦你决定停下来，而其他人还在全力运转，就会有一种落后感。这种感觉会使我们不敢放松，推着我们每时每刻都逼迫自己启动，加速，再加速。

生活不再拥有生活本身的样子，不知不觉间，我们让自己在社会上的标签主宰了自己的全部：学生，就应该埋头学习，时时刻刻面对升学、分数、成绩的压力；职场人士，就应该一心扑在工作上，时时刻刻面对生计、竞争、升迁的焦虑。

最近这几年，作为学生群体中的一员，我明显感觉到了所谓的群体的焦虑。这种焦虑不仅来自当下，也来自看不见的以后，包括工作、薪资、买房、买车，等等。

群体的焦虑是伴随着时代的发展而来的。知识付费的时代，我们渴望快速学到各种方法、技巧，恨不得什么都是速成的，但似乎忘记了其实每一天的生活本身就是最大的知识宝库。我们从一日三餐中，从人与人之间的交流中，从瓜果蔬菜的生长中，从家用物件中，都能得到种种智慧。

记得那段在家的日子，我几乎每天都会花一些时间在厨房转悠。明喆削水果时，我望着他拿的水果刀，对他说，这种水果刀的设计真实用。倒水的时候，我对明喆说，这种瓶塞的设计者真有智慧。我不懂科技，不懂发明，但生活告诉我，越具实用性的、越能让人们的生活产生便利感的，越是好发明。

其实，无论科学、哲学，还是文学等一切学科的发展，都是为了让人们的生活变得更好，而一旦脱离生活实际，它们就会变成水中月、镜中花。

所以，即便再忙碌，我们也需要时不时地给自己的日子腾出一些空间去容纳实实在在的"接地气"的日子。

05

想起曾读过的《你当像鸟飞往你的山》，书中讲述了作者本人——一位大山女孩成长蜕变的历程。

作者塔拉是一个17岁前从未踏入过教室的大山女孩。她的童年与废墟场的破铜烂铁为伴，那里没有读书声，只有机械的轰鸣声，只有父亲所灌输的不上学、不就医的思想。

专制的父亲、软弱的母亲、暴力的哥哥、封闭保守的家庭……这些并没有束缚塔拉寻求教育的渴望。她自学通过了杨百翰大学的入学考试，后一路进入哈佛大学、剑桥大学深造。

塔拉在书中写道："我所有的奋斗，我多年来的学习，一直为了让自己得到这样一种特权：见证和体验超越父亲所给予我的更多的真理，并用这些真理构建我自己的思想。"

塔拉无论在家庭生活，还是在学校教育中，一直都在寻求用自己的知识、头脑，去摆脱父母所灌输的思想认知，以形成自己对于世界的全新认知。她不想终生依附他人，她想通过自己的感受、经历、视野，蜕变成真正的自己。

多年之后，她写道："那天晚上我召唤她，她没有回应。她离我而去，封存在了镜子里。在那一刻之后，我做的决定都不再是她会做的决定，它们是由一个改头换面的人，一个全新的自我做出的选择。你可以用很多说法来称呼这个自我：转变、蜕变、虚伪、背叛，而我称之为教育。"

在塔拉眼中，教育意味着获得不同的视角，理解不同的人、经历、历史，从而一次次重塑自我。

《你当像鸟飞往你的山》这本书看似是一部对主人公励志人生的书写，但字里行间透露出的却是作者塔拉对人生的思考。这种思考贯彻塔拉的一生。虽然塔拉在17岁之前并没有上过学，但是当时的她却已经拥有有别于大多数接受学院教育的学生不一样的思维和强烈的求知欲，而这才是决定她一生走得更远的核心。是以往的生活经历以及在接受教育的过程中对真理、对求知的欲望，使塔拉最终蜕变成了真正的塔拉。

有时候，人一旦想清楚自己要追寻什么、想成为什么，那她对生活的思考、对知识的理解就会在无形中更新迭代。

很多时候，人们太在乎外界的声音，而很少去反观内心世界。比如，有很大一部分学生群体在想要考证、升学、就业时，他们的本能做法是先去寻求外界的声音，向有经验的人打听考证难不难、竞争大不大。殊不知，他人的认知很多时候会严重限制自己看待事物的眼光，会很容易使自己活在对事物的恐惧中，严重的甚至会埋没自己的内在潜能。

无论什么时候，我们更需要做的，都是花更多的时间去感受实实在在的生活本身，去向生活本身寻求真相，去向内探求自我的声音。

06

忙碌，这其实并不仅仅是某一个个体存在的现象，也是一个个群体状态的折射。

随着年岁渐长，就业的压力、激烈的竞争、现实与期待之间的落差以及种种生活中面临的两难抉择，这些迫使我们害怕失败，害怕犯错，恨不得所走的每一步都是最佳且永远都不会后悔的选择。一切的一切，好像都要使人变得功利化。

可我们还是时不时地会贪恋、享受那些感性的东西，比如一段悦人的音乐、一幅柔美的画面、一篇优美的散文、一部触动人心的小说……这些不是生活的全部，但却影响了整个人生活的心态。有它们在，我们无论处于怎样的生活境遇，总会不自觉地在内心保留一份向美而生的期待。

想来，人还是要保持对细碎的生活感到满足的能力，比如驻足一段迷人的风景，品尝久违的美食，重温熟悉的街角，挑选喜欢的服饰，感知刹那的温柔，这些看似鸡零狗碎的生活片段却常常是通往幸福生活的秘密通道。

爱,支撑着我们走得更远

> 我渐渐领悟到,只有爱,才能让一个人义无反顾、拼尽全力走到最后。

01

又是一年中秋。

前几天打电话给老妈,让她给我寄几盒家乡的月饼。其实学校大大小小的超市都有各种月饼售卖,班级以及各个学科的老师也都陆陆续续发给学生一些中秋月饼。这些月饼大都包装精美甚至都是响当当的大牌子。可不知道为什么,越临近中秋,我越想念的,竟然是小时候自己最最讨厌的老家的五仁月饼、芝麻月饼和椒盐月饼。家乡的月饼包装很简陋,五个圆圆的月饼装在一个透明的圆柱形的塑料盒里,塑料盒表面贴着喜庆的大红色标签,像极了过年时家里张贴的春联。

小时候我最喜欢吃的月饼是超市里很难买到的那种带馅儿的月饼:柠果味的、香蕉味的、哈密瓜味的……它们个头小小的,用一个个透明的纸袋包裹着,看起来那么小巧诱人,就像一件件稀有的舶来品。那是它们在一个小镇女孩眼中最理想的月饼模样。正因为如此,老家地地道道的、包装简陋的月饼曾遭到我的冷落与忽视。但家里人依旧会按照惯例,在中秋晚上敬月时,在桌子上摆满香蕉、苹果、菱角、馒头,以及必不可少的家乡的五仁老月饼。

02

年少就离家读书,在大城市待得越久,吃的月饼种类越多,就越想念家乡的传统老月饼。它们好像慢慢被时间镀上了一层灵韵,有着某种特殊的象征意义。

我想,那就是家的感觉吧。

大城市的灯红酒绿、熙熙攘攘有时候会让我发自内心地感受到一种冰冷,而这种冰冷又会让我更加怀念来自小地方、家庭、亲人的那种爱与温情。这是我在其他任何地方都无法找到的情感归宿。

深刻的体悟到这个道理,花费了我将近三年的光阴。

03

作为一个曾不顾亲人的反对、一意孤行坚持求学的女生,我曾经怨恨他们的不理解。我认为他们在一定程度上背叛了我,这甚至给我曾那么看重的亲情蒙上了一层阴霾。

在那曾满负压力的三年里,一个人求学的困难、经济的窘迫以及情感上的空洞，让我整个人被一种负面情绪驱使着一步步往前行走。凭着这股不服输的韧劲儿，我走到了自己期望的那个暂时的站点。

但当我如今开始在大城市与不同职业、不同身份的人打交道时，再回头看，我开始理解人性中存在的某种很复杂的东西，我开始试着学会从不同角度去理解身边的亲人，并渐渐学会释怀年少时心中存埋的怨怼的情愫。

04

如果说，当初是年少偏执与怨怼刺激自己走到了今天，那么在经历数年的城市生活之后，我渐渐明白，从今往后，支撑我走得更远的，一定是爱。

对亲人的爱，对恋人的爱，对朋友的爱，对一直默默关心我的人的爱，是这些正面的能量，让我再一次鼓起更大的勇气去面对是是非非、曲曲折折。

这么想时，我其实是幸运的。有一直陪伴在身边的恋人，有平安健康的家人，有可以诉说衷肠的密友，有一直深交的师友。每一个人生节点，我失去了某些珍贵的东西，但也收获了某些可贵的深情。

我渐渐领悟到，只有爱，才能让一个人义无反顾、拼尽全力走到最后。

写这句话时，我突然很期待今年的中秋。

我不会再一个人，不会再漂泊异地，而是和爱的人在一起，和至亲的家人在一起。我在自己从小到大的卧室入眠、安睡，听窗外小镇独有的静谧，以及偶尔回荡在夜间的犬吠。

第二天早晨醒来，我会去小镇的面馆吃一碗6块钱的青菜手擀面；去早市看来来往往的菜贩子兜售自家种植的瓜果蔬菜，看草席上出售的各种各样的手工零食；再搬一个板凳，听对门老奶奶在太阳下唠嗑、看她择菜；瞧家门口来来往往的邻居走家串户地闲聊。

这些，都足以让人感到一种久违的质朴与温暖。

当你读懂了自己,也就接纳了生活

> 当你看懂了自己,也就理解了生活,包括那些好的、坏的、善的、恶的、自私的、虚伪的。

01

最近在网上下单了克里希那穆提的三本书——《人生中不可不想的事》《重新认识你自己》《一生的学习》。

克里希那穆提,印度著名哲学家,20世纪最伟大的心灵导师,在西方有着广泛而深远的影响。

克里希那穆提主张真理纯属于个人了悟,一定要用自己的光来照亮自己。他一生的教诲皆在主张帮助人类从恐惧和无明中解脱,体悟慈悲与至乐的境界。

这是书籍扉页上,对他的一部分介绍。

他对我启示很大的一点是,关于我们所谓的"思想"的理解。

克里希那穆提说:"所有的危机都存在于思想的本质中,思想制造出了这些外在和内心的困惑。"

初次阅读到这句话我便被深深震撼了,它一语中的我对自己现状的认知及对生活的思索。

关于思想的阐释,克里希那穆提是这样说的:

"思想就是记忆、经验和知识的反应。思想借由'现在'投射出'未来',它把'现在'修正、塑造、设计成了'未来'。"

"思想一直都是局限的,因为思想就是记忆、经验、知识和积累物的反应。思想来自那种局限,因此思想永远无法带来正确的行动……你必须去看清它,而不是我。"

"你必须看清这个真相:也就是思想必须被了解,我们必须学习关于它的一切内容。它必须是一件对你来说无比重要的事,不是因为讲话者这么说了,讲话者是没有价值的。有价值的是你正在了解的东西,而不是你记忆的东西。"

"我们需要一个并非由思想所拼凑起来的头脑和心灵。"

他进一步解释:"当我彻底追踪每一个思想直至它的根源和尽头时,我将会发现那个思想自己就会结束,我不需要对它做任何事。因为思想就是记忆,记忆就是经验的烙印,而只要经验还没有被充分、完全、彻底地了解,它就会烙印在那里,然后把那个烙印作为一个事实与之共处的话——那么那个事实就会打开,那个事实将会结束思考的特定过程。"

"由此每个思想、每个感受都会被了解。于是大脑和心灵就从那一大堆记忆中解脱出来。"

02

我发现，自己在阅读克里希那穆提的文字时，内心会有一种从未有过的宁静，仿佛周身之外皆是一片澄澈，连一张一弛的呼吸都格外轻柔。每次感到极度不安时，我都会习惯性地坐下来读几页他的文字，让自己处于一种很舒缓平和的思绪流中。

一行行文字转变为鲜活灵动的话语，映射在头脑里，让整个人不自觉地随着话语的节奏、韵律、修辞自观、自省、自审。

在心灵与心灵的碰撞中，我渐渐明白：

当一个人真正全然接受了自己，看懂了自己那些人性深处的错综复杂的情感，并勇于去直面、承认、接受甚至坦然地感受它们带给自己的每一点触动，不管是痛苦的，还是喜悦的，把它们当作作为个体生命内心的一种自然的能量，你就会对自己更具有接纳力、包容力。

当你看懂了自己，也就理解了生活，包括那些好的、坏的、善的、恶的、自私的、虚伪的。

到那时，正如克里希那穆提所说："你不能依赖任何人，事实上并没有向导，没有老师，也没有权威，只有靠你自己——你和他人，以及你和世界的关系——除此之外，一无所有。"

03

我时常觉得，求学的过程中，在偌大的校园及各种人际关系中，我感受到的是一种孤寂。但也正是这种孤寂让我实实在在体会到了一种更加丰盈的情绪。十二分的孤独，由拒绝到接纳，由接纳到恐惧，由恐惧到包容，由包容到享受。

想起前几天和闺蜜通电话时，她问我："你一个人在学校有没有什么玩得特别好的朋友。"我回答她，暂时还没有。

一个专业最多不过六人，一个宿舍四人，都可能是来自不同的专业。大家早出晚归，独来独往是一种生活常态。

她说，你这样好孤独。我说，不会呀，现在的我很享受这种感觉。

宿舍、图书馆、教室是我三点一线生活的地方。我用自己的方式给自己创造了一个理想中的生活状态。

不上课的日子，我就泡在图书馆里阅读、备课。周六是休息日，我会选择一处杭州的景点，独自一人出校游玩；或者像往常作息一般泡在图书馆里，这样的一天一般是安排好的观影日——通过看一部部电影，让眼睛与耳朵、听觉与视觉代替自己驻足于银幕里的每一处风景。

我知道，自己在试着实现读万卷书的理想，至于行万里路，就顺其自然让未来去揭晓吧。

我独自散步在校园里，走走停停，停停走走，池塘里的荷花开了又谢了，荷叶泱泱地睡在一莲池水中央。

　　一个人的异地生活，一个普通的女学生，在偌大的校园，实践着自己渺小又丰盈的生活，是现在，也是未来。